La Preuve par neuf

Dorine Bertrand

La Preuve par neuf

le dilettante
9-11, rue du Champ-de-l'Alouette
Paris 13e

ISBN 2-84263-096-3

Au voisin du dessus

39,6

Ça devait finir par arriver. Dans moins d'une heure, je serai au milieu de ma vie. À 5 h 35 pile j'aurai trente-neuf ans et demi. C'est un anniversaire que j'ai décidé de passer seul parce que personne ne comprendrait. Pourtant, le milieu de sa vie, ça arrive à tout le monde à un moment donné.

J'attends sur mon canapé, en face de l'horloge de la cuisine que j'ai déplacée et réglée précisément pour l'événement. Je ne me suis pas mis en pyjama. Depuis dix ans que je me torture avec ça, je sais que je ne dormirai pas. Il est hors de question qu'à mon insu je bascule de l'autre côté, en pleine descente dans le décor. Je veux la sentir en temps réel, ma vie qui croît une dernière fois, qui s'arrête un instant en équilibre parfait sur son 39,6, puis qui chute, passant irrémédiablement de l'autre côté. Cette nuit j'atteins le sommet. De la connerie diront certains.

Ce n'est pas de ma faute. C'est arrivé l'année de mes trente ans, à cause d'un réflexe professionnel idiot. Je m'en souviens comme si c'était hier. J'étais seul à mon bureau, la nuit tombait, j'attendais un chiffre pour poursuivre le bilan provisionnel d'une société. J'étais pressé d'en finir, non pas que j'aie quelqu'un à retrouver comme certains, simplement parce que je déteste être interrompu dans mes calculs. Un calcul, ça ne supporte aucun contretemps. Ça demande une infinie concentration et une maîtrise totale.

Donc j'attendais mon chiffre, je ne savais plus quoi faire pour ne pas m'impatienter, les crayons étaient dans leur pot, le courrier classé, la page du calendrier tournée, l'ordinateur en veille, il n'y avait plus rien à ranger sauf le dossier de cette société, rien à éteindre sauf ma calculette et la radio qui diffusait France-Info en boucle. À un moment j'ai tendu l'oreille parce que ça parlait de chiffres mais ce n'était pas la Bourse comme je croyais, il s'agissait d'espérance de vie, comme quoi nous les hommes on allait vivre jusqu'à soixante-dix-neuf ans et que notre espérance de vie allait augmenter d'un an tous les quatre ans.

Et là, bêtement, ma main s'est mise à s'agiter sur ma calculette. En moins de deux j'ai calculé mon espérance de vie personnalisée et un quart de seconde plus tard, je savais que le milieu de ma vie se situerait à trente-neuf ans et demi exactement. 39,6.

Je n'ai jamais oublié ce nombre. Ce jour-là il s'est inscrit dans mon esprit aussi sûrement que ma date de naissance. Le problème, c'est que j'ai commencé à y penser n'importe quand. De plus en plus souvent. À en devenir malade.

Si j'avais su que les chiffres me trahiraient un jour. Mes meilleurs amis, ceux que je manipule depuis toujours, ceux sur qui j'ai toujours pu compter. Le boulier dans mon berceau, mes petits doigts devant moi, compter tout haut compter tout bas, copier les numéros, résoudre les problèmes vingt sur vingt, trouver les valeurs des inconnues, vérifier les équations, tracer des fonctions, calculer à l'infini, étudier les écritures comptables, appliquer les formules sur le grand livre de comptes et subitement ce 39,6 qui se retourne contre moi.

Les règles du jeu m'ont échappé là où ça faisait le plus mal : au travail. Chaque fois que je tombais sur un 39,6 je perdais le fil de mes calculs et je devais tout reprendre et je butais encore sur le même 39,6 et encore et encore, jusqu'à me retrouver complètement exténué. Je réalisais que j'étais censé vivre mes plus belles années et que j'étais en train de tout rater.

Je n'avais plus aucun rendement. Les dossiers s'additionnaient sur mon bureau. Je passais mon temps à buter sur des 39,6 et à recommencer mes calculs à zéro. À force je me suis demandé si ce n'était pas ma vie que je devais recommencer. J'étais prêt à changer de métier. Si près de l'échéance et dans un tel état, ce n'était pas le moment de faire la fine bouche. J'ai lâché en plein mois de décembre les bilans de fin d'année pour entreprendre un bilan de compétence. J'ai passé les tests. Le résultat a été concluant.

– Vous, s'est exclamée la quadra en pointant un doigt triomphant sur moi. Vous êtes fait pour être comptable !

– Mais je le suis déjà, j'ai répondu.

– Eh bien continuez, vous êtes sur la bonne voie.

Alors j'ai continué. Grâce au petit jeune que mon supérieur a recruté pour me soulager des bilans en retard. Il est resté à mon service. Au service des dossiers contaminés. Dès que je me heurte à un 39,6, je lui refile le bébé pour qu'il l'achève. Il faut bien vivre.

J'avais assez de soirées et de week-ends pour décompter les années qui me restaient. Pour anticiper le milieu de ma vie. Pour chercher en vain la solution d'un problème insoluble.

Insoluble car : après trente-neuf ans et demi passés à apprendre à vivre, on n'a pas d'autre choix que de s'embarquer pour trente-neuf ans et demi à accepter d'aller mourir sans savoir pourquoi.

C'est comme ça.

On pourra dire que j'ai vu la fin venir de loin. J'ai gravi en toute lucidité la courbe ascendante de ma vie. Je montais, je montais et je savais qu'en haut, il n'y aurait plus d'espoir à avoir. Il n'y a qu'à s'asseoir et à se laisser glisser dans les regrets.

J'ai un nombre incalculable de choses à regretter. Je ne serai jamais cosmonaute, sportif de haut niveau, musicien, médecin. Je ne serai même pas un grand mathématicien. Je n'apprendrai jamais le russe, l'espagnol et l'allemand. Si toutefois je me mettais à l'une de ces langues, je ne deviendrais jamais bilingue. De toute façon je n'apprendrai plus rien. Je serai trop concentré à ne pas oublier ce dont je me souviens. Je ne me rappelle déjà plus qui est Georges Cuvier tout en sachant que c'est quelqu'un d'incontournable. Il y a des mots comme « entéléchie » que je chercherai dans le dictionnaire toute ma vie et je ne lirai jamais ce crétin de Nietzsche. Ce ne sera pas faute d'avoir essayé. C'est pour ainsi dire mon livre de chevet. Depuis des années je l'ouvre et je lis : « Ne pas désirer des faveurs des félicités lointaines, mais vivre de façon à désirer vivre à nouveau de la même façon, tout au long de l'éternité. » Et je m'endors immédiatement.

Je n'ai jamais passé de nuits blanches à m'éclater. Je ne sais pas ce que veut dire s'éclater. Il aurait fallu que je profite de ma jeunesse. Je n'ai pas fait la fête. Je n'ai pas d'amis d'enfance. Je ne ferai jamais le tour du monde. Je ne m'envolerai pas vers d'autres continents. Je n'ai même pas pris le train pour demander à mon père de me raconter sa vie avant qu'il soit trop tard. Je n'ai pas arrêté de fumer. Je ne me suis pas occupé de ma calvitie. Je ne me suis pas mis au sport. J'ai raté des dizaines d'expositions, de films et de concerts inoubliables. Je n'ai pas investi dans l'immobilier au bon moment. Je n'ai pas conçu de logiciel de comptabilité auquel donner mon nom et en attendant, je n'ai donné mon nom à personne. Je ne suis pas marié. Je n'ai pas d'enfants. À l'heure qu'il est je devrais déjà avoir un enfant. Si j'étais une femme, j'aurais eu un enfant avec n'importe quel homme, très vite, à trente ans. Avec un enfant, j'aurais oublié de décompter les années. Je lui aurais appris à vivre et j'aurais oublié que je vais mourir. Je lui aurais fait faire ce dont je ne suis pas capable. Et ce serait comme si j'y étais arrivé.

Si au moins j'étais marié. Je compte onze relations à mon actif. Qui se sont toutes soldées par un échec. J'ai enregistré des pertes sèches. Je suis «trop renfermé». Je suis «trop immature». Je suis «trop prévisible». Et encore,

« quand je suis là ». Je n'ai jamais eu de relations stables. Ni même de passion dévorante comme dans *Basic Instinct*. De toute façon, je ne pourrai plus jamais faire l'amour deux fois de suite à une femme. Sans compter que j'ai déjà quelques faiblesses sexuelles qui ne laissent rien présager de bon pour la suite.

Peut-être que je me suis trop masturbé. Je me suis masturbé à chaque fois que je pouvais. À me vider la cervelle. Pour arrêter le temps. L'année dernière j'y ai gagné deux tennis-elbows. Et beaucoup de congés maladie pour invalidité. Je n'en ai rien fait. Je n'ai rien rattrapé. J'ai gâché toutes les occasions. L'apogée de ma vie sera marqué d'une crise existentielle, la preuve par neuf que je ne suis pas accompli.

Il n'y a plus rien à faire. La trotteuse avance sur le cadran. Je ferme les yeux et je l'entends, je la casserais que mon cœur prendrait le relais. Je suis mal barré. Surtout que je n'ai pas la foi. Pourquoi je n'ai pas la foi ? Descartes croyait en Dieu, pourquoi pas moi ?

«Je pense, donc je suis». Je suis maintenant. Maintenant, je peux encore me dire que ce n'est pas tout de suite. Comme cet après-midi dans le bus. J'ai examiné les passagers en me demandant quel âge ils pouvaient bien avoir. La population me semblait strictement divisée en deux. Ceux d'avant le milieu de leur vie et ceux d'après. Et elle était réellement divisée. Les jeunes ne regardaient pas les vieux et les vieux ne regardaient pas les jeunes. Ils se regardaient entre eux et moi j'essayais en vain de trouver un homme qui soit au même stade que moi. Mon regard s'est arrêté sur un adolescent, un de ces jeunes fous qui se croient immortels. Il avait le nez en l'air, les cheveux en arrière et les manches retroussées. Je me suis dit pour me rassurer que j'étais encore dans son camp, le camp des entreprenants. J'ai regardé ma montre. Il était 18 h 30. Je n'en avais plus que pour quelques heures. Il était trop tard pour entreprendre quoi que ce soit. J'ai cherché à me consoler dans le camp des hommes en faillite. Mon regard s'est arrêté sur le plus vieillard des vieillards. Il avait la goutte au nez, les cheveux poussiéreux et ses bras tombaient sur ses genoux comme des branches d'arbre cassées. J'ai pensé que je savais à quoi m'attendre.

Je sais à quoi m'attendre. Je sais ce qui va se passer. Je connais des hommes en faillite qui en parlent sans réfléchir. Ils disent : ça va de plus en plus vite. Ils disent : ce n'est plus de mon âge. Ils disent : quand j'étais jeune. Ils disent : de mon temps. Ils disent : ils ne savent pas la chance qu'ils ont. Ils disent : c'est la vie. Puis ils boivent un whisky sans glace.

Moi je vois les choses en face. Il est 5 h 34. Dans cinquante-cinq secondes trente-neuf ans et demi. Le milieu de sa vie, ça n'arrive qu'une fois. Et ça dure une seconde. Après cette seconde-là, je ne pourrai plus dire « ma vie ». Il n'y aura plus que « le reste de ma vie ». Quand j'y pense, et j'y pense toutes les secondes, je sens très bien ce qui va se passer, s'étirer sur des années qui au fur et à mesure me paraîtront des mois, puis les mois des semaines, les semaines des jours et les jours des minutes et les minutes des secondes. Les rides me découperont en morceaux, mes os s'effriteront comme du calcaire, mes organes tomberont malades les uns après les autres, mes articulations craqueront, j'aurai l'odeur aigre du vomi de bébé, mon cerveau balbutiera, je ne serai plus capable d'aligner deux chiffres, mes cheveux blanchiront de peur, ma vie ratée me montera sans cesse aux yeux, dans le bus je chercherai toujours du regard un pire que moi pour me consoler et puis un jour je n'en trouverai plus, on aura pris mes yeux, mes oreilles, mon nez, ma bouche et pour finir on aura ma peau.

Testament

Le suicide, c'était la seule révolution possible. L'autre n'aura pas lieu, il y a trop de chiens pour garder les moutons et trop de moutons consentants. On est tous tombés d'accord là-dessus le jour de l'enterrement de Mickey. Il avait sauté du trente-sixième étage de sa tour. Devant son cercueil, les gens de sa famille qui avaient préparé des discours parlaient d'un accident. Ils rougissaient quand ils nous regardaient. Ils se rappelaient que Mickey s'était suicidé et que c'était nous, sa vraie famille. On avait séché les cours pour ça.

On était punk. On ne voulait pas rentrer dans le rang et on ne voulait pas faire semblant. On était contre jusqu'au bout des cheveux et on avait le courage de nos ambitions. Du temps de Mickey, c'était la révolution. Après Mickey, c'était la mort.

L'enterrement fini, on a fait une fête dans la chambre de Tramber. On voulait tous sauter par la fenêtre. Seulement la chambre de Tramber, c'est la cave de ses parents.

À Tramber je lègue mes disques, à Marilyn mes livres, à Barbie mes fringues.

Moi c'était Violaine. Pour «viol» et pour «haine». La vie était un viol, j'avais pas demandé à naître. Nos parents ne comprenaient rien.

Les week-ends on se téléphonait pour supporter. Les autres jours, on se retrouvait au square à côté du lycée pour fumer. On se cachait dans le petit chalet pour les enfants, ils n'y venaient plus, ça sentait la laque et on avait tout graffé. Les filles calaient leurs fesses sur les rebords, Tramber s'asseyait au milieu en tailleur pour ne pas abîmer sa crête. Elle était magnifique. J'aurais voulu m'en faire une avant de mourir, verte comme les bancs du square.

Marilyn a fugué, Barbie est tombée amoureuse, il ne restait plus que Tramber et moi à vouloir en finir sérieusement. Il me lisait le journal, mille bonnes raisons de se suicider sur terre, on se disait adieu tous les soirs mais on se retrouvait tous les matins. C'est dur de se tuer. Faut de l'inspiration. Un jour Tramber s'est mis en tête de se procurer une arme à feu. Il y avait des pères qui tuaient toute leur famille avant de retourner leur arme contre eux. Tramber voulait faire pareil, il pensait que ce serait plus facile.

–T'as qu'à commencer par moi, j'ai proposé.

À ma mère je lègue le livre sur le stylisme qu'elle m'a offert pour mes quinze ans.

La peinture noire s'écaillait sur les murs de ma chambre et sur les vitres, des rayons de soleil passaient par les trous, on aurait dit un cercueil transpercé par les lames d'un illusionniste. Le soleil me donnait la nausée. J'avais lu Sartre et Camus, le prof avait dit que l'Étranger avait tué l'Arabe à cause du soleil alors fallait faire gaffe, si un rayon me touchait, j'étais capable de tuer… les oiseaux qui me réveillaient tous les matins. J'ai mis un disque des Dead Kennedy's pour étouffer leurs cris de joie, *Holiday in Cambodia*, puis j'ai roulé un pétard sur la pochette en réfléchissant à ce que j'allais pouvoir porter-supporter aujourd'hui. *Give me convenience or give me death*, c'était le titre de l'album. Donne-moi du confort ou donne-moi la mort.

J'ai enfilé ma nouvelle cotte de mailles dans la salle de bains, une combinaison en résille argentée qui ressortait par les trous de mon jean javellisé et au ventre, j'avais entaillé un tee-shirt au coupe-ongles et je l'avais déchiré au-dessus du nombril. J'ai tiré sur les fils pour faire style, puis j'ai écrasé ma clope entre les deux seins. Le trou faisait comme un O. Je complétais avec le vernis à ongles de ma mère quand elle a tambouriné à la porte.

– Clémence, ma chérie... elle hurla gaiement en plein milieu d'*I fouth the law*. Je peux venir avec toi ?

– Va mourir, j'ai murmuré en attrapant le peigne.

Mes cheveux étaient trop fins. Toutes les nuits, les nœuds de la veille glissaient sur la longueur et les faisaient retomber. Je devais tout recrêper pour les redresser sur ma tête, affûter les pointes à la laque en fermant les yeux pour pas pleurer, surtout pas pleurer, si je commençais je ne pouvais plus m'arrêter et pour le maquillage c'était terminé, j'avais plus qu'à me recoucher. La poudre blanche sur le visage, les coquards violet-noir et les lèvres bleues, je ne pouvais pas sortir autrement, sauf quand je voyais mon père au restaurant mais ça, ça comptait pas.

Ma mère a coupé la musique.

– Clémence, tu m'entends ma chérie ?

J'ai pris mes chaînes et mes pompes et j'ai ouvert la porte sur son sourire idiot.

– À qui tu parles ? je lui ai fait.

J'ai ressuscité les Dead Kennedy's sur le tourne-disque, *Saturday night holocaust*. Mes Doc Martens vingt-six trous montaient jusqu'en haut des mollets, je remplaçais les lacets par des laisses de chihuahua. Chez Leroy-Merlin, j'achetais toutes sortes de chaînes au mètre qui faisaient des ceintures, des colliers, des bracelets et même du barbelé pour les chevillards.

Trop clean pour être honnête, j'ai tiqué devant le miroir du salon. On ne voyait pas assez la cotte de mailles. J'ai piqué le couteau à pain, amputé ma jambe droite et mon bras gauche. C'était beaucoup mieux. Carrément destroy. Tout moi.

– Violaine ?

C'était la première fois qu'elle m'appelait comme ça. Je me suis retournée en souriant bêtement et j'ai pris le flash de son Polaroid en pleine gueule.

– Ça fera un souvenir pour plus tard, elle a gloussé en agitant le cliché comme quand elle se séchait les ongles.

J'ai tiré sur mon tee-shirt pour lui faire voir.

– Tu sais lire ?

– No-fu-tu-re. Très créatif, j'adore la couleur !

C'était tuant, elle s'obstinait à croire que j'allais devenir styliste. À chaque trimestre elle envoyait bouler le proviseur au sujet de mes notes sous prétexte que tous les artistes étaient des cancres. Les yeux rouges matin midi et soir, pour elle c'était de la conjonctivite chronique, elle avait fumé un pétard en 68 et ça ne lui avait absolument rien fait. Mon père ne savait rien de tout ça. Je ne les avais jamais vus se parler.

À mon père je lègue la seule photo de moi qui existe, celle que ma mère a prise.

Dans la glace de l'ascenseur, j'ai vérifié une dernière fois mon déguisement BCBG en espérant que ça irait. J'ai poussé la porte cochère. Les verrous de la Mercedes ont sursauté. Je me suis dépêchée d'atteindre la portière, j'avais une peur bleue qu'une personne de ma connaissance me surprenne dans cet accoutrement. Je me suis assise dans le siège en cuir, j'ai repris mon souffle et j'ai regardé mon père me regarder des pieds à la tête. Mon père m'inspectait avant de m'embrasser. Il m'embrassait si je lui plaisais, tenue correcte exigée. Je commettais souvent des erreurs. Il me renvoyait alors chez ma mère changer ce qui clochait, une veste un peu froissée, un pull qui peluchait, des collants filés, des chaussures usées. Quand il était en avance sur la réservation de la table, il m'achetait des vêtements de rechange au drugstore à côté du restaurant. Mon père se raidit. Quelque chose n'allait pas. Il ouvrit la boîte à gants et se mit à fouiller.

Je m'étais démaquillée à fond, remaquillée à peine. L'ensemble Agnès B sortait du pressing, mes escarpins étaient cirés, le collant Dim classique neuf. Je sentais le shampooing, j'avais démêlé mes cheveux pendant une heure et je les avais rabattus sur mes oreilles pour dissimuler les trous. Je n'avais pas oublié de retirer les épingles à nourrice en plus des autres bijoux. Je portais une seule bague, qu'il m'avait offerte, mes mains étaient légèrement irritées, j'avais effacé tous les tatouages anarchistes à la pierre ponce, mis des gouttes dans mes yeux, sucé une pastille à la menthe.

Mon père se redressa, un mouchoir en papier parfumé à la main.

– Enlève ça, on dirait une pute.

Il parlait du rouge à lèvres de ma mère. J'avais imaginé que c'était le genre de truc beige nacré qu'un père pouvait attendre de sa fille le jour de ses quinze ans. Je m'essuyai la bouche en m'excusant et en le remerciant. Il m'embrassa enfin et me souhaita bon anniversaire.

Rive droite, il lâcha une main du volant. À l'entrée du parking il salua le gardien. Au restaurant nous étions chez lui. C'était toujours pareil, sauf que les acteurs vieillissaient.

– Ma fille, il annonçait au maître d'hôtel comme si ce dernier pouvait l'oublier d'un dimanche sur l'autre.

Le type nous serrait la main, confiait nos manteaux à la dame du vestiaire, nous conduisait à la table habituelle, tirait ma chaise et me remettait le menu sans prix.

– Je ne sais pas quoi prendre, qu'est-ce que tu me conseilles ? – Comment s'est passé ton meeting de la semaine dernière ? – Dé-li-cieux, j'ai bien fait de prendre comme toi. – Tu as raison, Mitterrand n'est pas net. – J'hésite entre Sciences po et une école de journalisme. – Elle ne sait pas gérer la pension alimentaire, pour les cours particuliers, elle dit que je n'ai qu'à te demander. – Elle veut que je devienne styliste, tu te rends compte ! – Non, le niveau n'est pas très bon, une bande de punks dissipe la classe. – Et il y a des clochards qui t'ont répondu que c'était pour boire ? – Elle est bien, ta cravate. – Moi aussi, papa, je suis fière de toi.

À la fin un taxi m'attendait sur le trottoir, mon père me tendait un billet pour la course, deux si j'avais été bonne. Pour mes quinze ans, il m'en donna quinze. J'achetai un 50 de shit au type de terminale qui nous vendait des barrettes et je me mis à dealer.

– Merci papa ! s'exclama Tramber en allumant le premier pétard gratos de notre vie.

J'ai vu mon père me regarder. J'ai pensé que s'il me voyait, il me tuerait.

Sur ma pierre tombale, écrivez : Violaine 1969 1984, suicidée au scalpel.

Le soleil assassinait la lune, le ciel pleurait, mon armoire dégueulait, la rame du métro hurlait, les visages se décomposaient, les feux rouges saignaient, la sonnerie de l'école envoyait des décharges électriques qui me réveillaient en sursaut sur ma table.

Un jour je sursautai sur mon cahier de math. La prof d'anglais effaçait le tableau. Les élèves chahutaient en enfilant d'étranges blouses blanches sauf Tramber. Il ne quittait jamais son bomber kaki, il roulait toujours un cône cinq feuilles sur son pantalon écossais, depuis qu'il s'était résigné à se suicider à petit feu.

Le brouhaha cessa, la prof de sciences nat arrivait, tout le monde matait le Tupperware qu'elle tenait sous le bras.

– C'est quoi, ça ? je demandai à Tramber.

– Dissection d'un œil de bœuf, ça va nous changer.

Un œil atterrit en face de moi, gros comme un œuf dans un genre de coquetier métallique, puis un étui en carton et une paire de gants en caoutchouc transparent. Les garçons ricanaient, les filles faisaient des beurks en se tenant le cœur, une écolo sortit en déclarant qu'elle était contre les mauvais traitements sur les animaux.

– Moi aussi M'dame, dit Tramber avec une voix de petit garçon. Vous auriez pas des yeux d'humains ?

Aussitôt, je vis l'œil de ma mère dans le coquetier. L'iris entier avec beaucoup de blanc autour, l'air baba. Elle trouvait tout génial. Elle écarquillait les yeux tant qu'elle pouvait mais elle ne voyait rien, ça tombait dans sa pupille, un trou noir sans fond, le vide interstellaire.

Quelques gouttes de sang éclaboussèrent la table. Tramber brandissait un scalpel. Son étui en carton était en lambeaux. Il crevait son œil en le traitant de salaud, salaud, salaud, une vraie bouillie.

La prof surgit au-dessus de lui, bras croisés sur la poitrine.

– Je peux savoir où vous en êtes ?

La classe se retourna sur Tramber comme une seule blouse blanche. Elle n'avait pas une tache de sang. Il en était recouvert.

– J'veux un autre œil ! il brailla en plantant son scalpel dans la table comme une fourchette dans une assiette de purée.

– Il n'y a pas d'œil de rechange, répondit la prof.

– C'est la pitié, rétorqua Tramber en fixant la classe. Avec le fric que nos parents payent !

La classe pivota vers la prof. Elle s'éclaircit la gorge. L'étui de mon scalpel fit un petit bruit en tombant dans mon sac. La prof se tourna vers moi.

– Vous travaillerez avec celui de votre voisine, si elle est d'accord.

Ils m'ont tous regardée. J'ai baissé les yeux sur l'œil de ma mère, je l'ai pris entre mes doigts et je l'ai avalé tout rond.

Ne me déshabillez pas, ne me démaquillez pas, enterrez-moi telle que je suis, à côté de Mickey.

Tout à coup, j'arrêtai de faire la manche. La tête de mon père venait de surgir comme une dent au fond de la bouche du métro. J'entendis mon cœur battre. Mon père ne prenait jamais les transports en commun, j'avais fumé un cinq feuilles avec Tramber, mais c'était bien mon père qui s'élevait sur l'Escalator.

J'ai voulu me sauver, je ne pouvais plus bouger. J'ai voulu attraper Tramber et m'en faire un bouclier, il était trop loin, il tirait sa révérence à un type devant l'Escalator.

Tout s'est ralenti sauf mon cœur. Mon père fixait le haut des marches. Sa cravate, sa veste et son pantalon à pinces se déroulaient au rythme de l'acier, sa main grossissait sur la rampe, à quelques pas de ma joue. Il fit un pas. Ses Weston vernies s'arrêtèrent devant les Doc Martens jaunes de Tramber. Les miennes étaient collées au sol. Tramber ouvrit les bras en croix, manière de barrer le passage.

– Un franc ou deux s'iou plaît M'sieur !

Mon père le regarda dans les cheveux, c'est la crête rouge qui fait ça.

– Allons bon, il dit. C'est pour boire ?

Quelque chose me poussa brusquement en avant. Je me retrouvai à côté de Tramber, face à mon père qui le regardait toujours dans la crête.

– Oui, pour boire ! je criai horrifiée.

Comme une conne, je n'avais pas pu m'empêcher de donner la bonne réponse à mon père, la seule et unique pour qu'il donne de l'argent à un clochard. Il posa immédiatement les yeux sur moi, stupéfait. Il allait me tuer sur place. Je l'avais bien cherché. J'attendais, je tremblais, impossible de fermer les yeux, dans ses pupilles hallucinées ma vie de punk défilait aussi vite que mon cœur battait, et en sourdine Tramber se marrait.

– Oui, pour boire M'sieur, et pour se droguer aussi !

Mon père rit. Il tendit un billet de cinquante francs à Tramber et partit. En fait, il ne m'avait pas reconnue.

Adieu

La première chose que j'ai vue, ce sont leurs deux visages réunis et penchés sur moi dans la même expression. Leurs yeux cernés, brillants et concentrés, leurs lèvres pâles, chacun un pouce dans chacune de mes mains. Je portais une bande blanche au poignet gauche, un pyjama que je ne connaissais pas. Entre deux boutons à pression, un cordon translucide sortait et me reliait à une poche suspendue à un bras métallique. Le soleil se reflétait sur l'acier, les oiseaux chantaient, plus rien ne me gênait. J'ai inspiré et j'ai dit bonjour papa, bonjour maman.

Une fois par semaine

Lundi

Elle est assise dans le métro, les yeux dans le vague, une main sur sa sacoche de travail, l'autre glissée entre ses cuisses croisées, contre son poignet l'épaisseur de sa robe, de sa culotte et de la protection périodique sur laquelle coule doucement le sperme de son mari.

Hier soir, ils ont eu leur rapport hebdomadaire. Dimanche. Elle trace une croix dans son agenda mental, six jours après la précédente. Une bonne chose de faite, se dit-elle. Elle sait par expérience qu'attendre le septième jour, c'est prendre le risque de se disputer et alors ça ne va plus du tout. Question d'équilibre. Une fois par semaine, c'est le minimum qu'elle doit accomplir pour maintenir la paix dans son ménage et le maximum qu'elle peut donner. Ça fonctionne. Jusqu'à présent son mari n'a rien remarqué et chaque semaine elle espère que ça va continuer.

Quelques jours de battement pour commencer, pense-t-elle en laissant aller sa tête en arrière. Sa nuque épouse le dossier de la banquette, les vibrations de la rame bercent son cerveau. Bonne conscience. Esprit en vacances. Elle sourit aux passagers qui font grise mine. Comme un lundi.

Mardi

Ses collègues déjeunent au bureau. Elle sourit toute seule en feuilletant les pages mode d'un magazine féminin. Elle est la plus belle. C'est ce que lui a dit son mari hier soir, pendant qu'elle étudiait le menu au restaurant chinois. Elle a levé les yeux vers lui en louchant très fort. Il a ri, elle était la plus drôle aussi, et il s'est penché au-dessus de la table pour l'embrasser sur la bouche. Après, ils ont parlé des couples qui se séparent dans leur entourage, du malheur qui les accable, de leur bonheur à eux d'être toujours ensemble. Elle a avancé que les gens ne savaient sans doute pas s'y prendre.

Oui mais nous, il y a un truc, il a répondu comme s'il s'agissait d'un tour de magie. C'était bien. C'est toujours bien les lendemains.

Elle s'assombrit. Ses collègues parlent déjà de ce qu'elles feront ce week-end. Corinne ira danser sur une de ces péniches branchées. Chantal plantera ses fleurs préférées dans ses balconnières. Camille fêtera l'anniversaire de son petit dernier dans sa maison de campagne. Et elle ? Qu'a-t-elle prévu de beau ?

– Rien, elle soupire. D'ici là on sera peut-être toutes mortes.

– C'est gai, on lui fait la réflexion.

Elle hausse les épaules. Non, ce n'est pas gai. Mais il est beaucoup trop tôt pour y penser. Elle sait trop bien ce que son mari et elle devront faire samedi ou dimanche, si toutefois elle se montre assez habile à repousser ses avances.

« Les hommes ne pensent qu'à ça » lit-elle justement en tête de la rubrique sexualité. Les femmes s'en passeraient volontiers, entend-elle en écho. Elle parcourt l'article en diagonale, à la recherche du chiffre du sondage qui répond à la sempiternelle question « combien de fois les Français font-ils l'amour par semaine ?» Deux. Encore deux. Toujours deux. Ses yeux tombent sur le même deux depuis qu'elle est en âge de lire des magazines féminins. Ça l'énerve.

– T'es au régime ou quoi ? On interrompt sa lecture à nouveau.

Décidément. Elle regarde le sandwich au saucisson et la banane sur son bureau. Imagine la chair rose et la chair jaune mélangées dans son estomac. Écœurant.

– J'ai pas faim.

– T'as un problème ou quoi ?

– Quoi ? elle se cabre. Est-ce que je serais au régime parce que je ne mange pas ? Boulimique si je mangeais ? C'est complètement idiot comme question, aussi idiot que de demander combien de fois vous avez fait l'amour la semaine dernière !

Elle rougit. La question lui a échappé. Elle vient de la poser et ses collègues écarquillent les yeux. Elles ne voient pas le rapport. Mais elles sont prêtes à témoigner.

Chantal la mariée rapporte un deux bien convenu. Corinne la célibataire endurcie regrette un zéro. Corinne la nymphomane se targue d'un trois ou quatre. Elle, elle biaise, avec un « ça dépend des fois ». La preuve que les Français sont des menteurs.

Mercredi

Le réveil n'a pas encore sonné. Elle regarde le pénis de son mari encore endormi se déplier en douce sur son ventre. Petit à petit, le membre alourdi qui roule dans le creux de l'aine et la peau qui s'étire tout le long. La veine gorgée de sang. Le gland sort du prépuce, comme d'une vulve le crâne d'un nourrisson. Le trou fendu au milieu, la bouche d'un poisson hors de l'eau.

Tous les matins. La première chose qui se réveille chez l'homme. C'est si simple pour lui.

Son mari gémit, une sorte de « moui » langoureux qui renforce sa désolante observation matinale. Insupportable. Elle évite de justesse le bras qu'il tend en se tournant vers elle. Dans le même mouvement, le bras et le pénis retombent sur le drap qu'elle vient de quitter précipitamment.

Elle reprend son souffle au saut du lit. Son mari continue de dormir, maintenant sur le flanc. Il vacille, tiré par le poids de son pénis rose banane. S'écrase à plat ventre sur son côté de matelas à elle. Joue des fesses pour mieux se caler à la place du corps absent. Elle l'a échappé belle.

Pas pour longtemps. Son mari est descendu à la boulangerie pendant qu'elle mettait la table pour le petit déjeuner. Il a ramené le nouveau *Pariscope* avec les croissants. *Eyes wide shut*, c'est le film qu'il lui propose d'aller voir ce soir.

– « *William et Alice mènent la vie banale d'un jeune couple new-yorkais. Aussi, lorsqu'Alice révèle à son mari ses fantasmes adultères, William cède à la jalousie et au jeu de la tentation. Il entame alors un périple nocturne où ses obsessions le mènent en des lieux étranges et mystérieux...* », qu'est-ce que t'en dis, ça a l'air bien, non ?

Un porno déguisé, elle s'en doutait. Il bandait encore quand il s'est levé, un fort mauvais signe. Pour que l'idée lui passe, il aurait fallu qu'il jouisse en dormant sur le matelas. Ou qu'il se masturbe pour se réveiller sous la douche. Ou qu'il se décide à avaler le chocolat chaud qu'elle lui a préparé. Le chocolat détend, selon le magazine féminin d'hier. Seulement le chocolat est en train de refroidir dans le bol de son mari. Il ne s'est rien passé de concluant derrière les rideaux de la douche et quand elle a fait le lit dans la chambre, les draps étaient aussi propres que la veille.

– À quoi tu penses ?

– À ton chocolat qui refroidit, elle répond en lui piquant le *Pariscope*.

C'est pas possible, se dit-elle entre les pages, il doit bien y avoir une solution, un compromis, une échappatoire, quelque chose comme...

– Et si on allait voir *Le Soldat Ryan* ?

Son mari lève un sourcil, agréablement surpris.

– Tu t'intéresses aux films de guerre, maintenant ?

Jeudi

Elle fait la planche. Elle se rappelle les femmes nues affichées sur le chemin de la piscine. Elles vendaient des yaourts au bifidus, des vêtements invisibles, du prêt bancaire à taux élevé, des voitures climatisées, des assurances sans garanties, du pâté pour chat de luxe, des ordinateurs ultra-plats, des lunettes doubles-foyers, des hamburgers. Oui, des hamburgers, cette affiche-là, elle s'en souvient parfaitement. Elle la voit au plafond de la piscine comme si elle y était. Le buste d'une femme décapitée qui tire une frite d'un sachet qu'elle tient sous son décolleté. La frite tombe pile entre ses seins rebondis. On passe devant sans réfléchir, et après on s'étonne que les hommes réclament des branlettes espagnoles. Elle se retourne sur le ventre et rejoint la ligne des nageurs. Brasse coulée. La nageuse de devant porte un maillot violet qui lui rentre dans les fesses. Elle est brune. Des petits poils noirs entourent ses lèvres moulées par l'étreinte du maillot. La graisse ondule en haut des cuisses, à chaque fois qu'elle ouvre les jambes.

Demain ou après-demain elle devra faire ça. Écarter les jambes comme une grenouille devant son mari. S'épiler avant. Elle sent que ça gratte à la couture du maillot. Elle pense à son maillot, qui lui aussi est en train de lui rentrer dans les fesses. Elle se demande si son cul ressemble à celui de la femme de devant. Ce qu'en dit le nageur suivant. Masque fumé XXL, vision circulaire anti-buée. Tous des mateurs.

Heureusement pour elle, son mari ne pratique pas la natation. Dieu sait quelles idées il ramènerait à la maison. Elle le retrouve dans le salon, en tête à tête avec l'ordinateur domestique. Depuis qu'elle le lui a offert, il prend l'habitude de faire des heures supplémentaires. Et de dégommer quelques monstres virtuels à l'occasion. Il agite le manche du joystick coincé entre ses cuisses. En bas de l'écran, son canon laser décharge de longs traits blancs sur un troupeau d'Aliens. Les Aliens se cabrent et crient très fort quand il les touche, puis s'évanouissent. Des lettres s'inscrivent sur l'écran devenu noir : « Vous avez gagné ».

Son mari sursaute. Sur l'écran, il vient d'apercevoir le reflet de sa femme qui l'observe. Il ne l'avait pas entendue rentrer.

– Je fais une pause, il soupire comme pour s'excuser. J'en peux plus de ce dossier.

Cette énorme chemise à rabats qu'il a posée hier à gauche du clavier. Dont la seule vue l'accable. Dont la seule vue la soulage. Le document n'a pas bougé de place, il devait le rendre aujourd'hui.

– Mon pauvre, elle compatit.

Il lève des yeux attendris. Elle l'embrasse sur les plis du front, affectueusement. Il entoure sa taille, pose la tête contre son ventre et par habitude, laisse monter sa grosse main vers sa poitrine. Juste avant qu'il ne la trouve, elle lui tend son épaule et passe derrière le siège pour lui masser un peu la nuque.

– Prends ton temps, elle lui souffle à l'oreille. De toute façon j'ai plein de trucs à faire. Tu veux que je te prépare un sandwich ?

Il la remercie. Demain il pourra dire à ses collègues qu'elle n'est pas du genre à le freiner dans sa carrière.

Vendredi

Elle ajoute un peu de farine sans cesser de tourner la cuillère en bois au fond de la casserole. Le beurre épaissit, la béchamel prend une agréable tournure. Dans son dos, les choses se gâtent comme une mauvaise farce. Son mari se colle contre elle. Plante ses dents sur son épaule. Émet les grognements d'un animal en rut. Son pubis bute contre la cuisinière.

– Arrête, elle gémit comme une enfant qu'on taquine et se trémousse comme dans des vêtements mal ajustés.

– Oh oui ! il revient de plus belle. J'aime ça.

Elle lève les yeux au ciel. Revient à sa casserole et s'obstine à tourner la sauce en spirale aussi sûrement qu'il mime le coït sur ses fesses.

– Mais enfin mon amour, tu sais bien qu'on n'a pas le temps, elle fait mine de le regretter. Ils vont arriver.

– Qui ça ? il fait l'idiot.

– À ton avis ? elle fait l'idiote.

Mais elle sent bien qu'il se met à bander, dur comme la cuillère en bois à laquelle elle s'agrippe.

– Allez… un petit coup vite fait bien fait, il s'obstine pour rien.

Elle rit jaune, le repousse d'un coup de fesses en attrapant le plat à gratin. Il n'insiste plus. Elle dispose les quenelles d'un air concentré, les recouvre de béchamel et finit par jeter un œil derrière elle. Il est toujours là. Mine déconfite, entrejambe gonflé. Au cinquième jour, c'est physiologique. S'il se met à bander, il ne débande plus. Pas question de céder dans ces conditions. Plus il le fait, plus il a envie de le faire et rien ne serait plus pénible que les cinquièmes jours se transforment en quatrièmes et ainsi de suite, où irait-on. À la catastrophe, se figure-t-elle en enfournant le plat thermostat 6, sans les invités pour faire diversion, elle serait bien en peine d'échapper à une telle érection. L'évitement deviendrait suspect. Un refus la trahirait. Briserait son couple en deux. Une fermeture Éclair. Elle sursaute. La braguette de son mari, ouverte, sur un slip rouge.

– Mais... qu'est-ce que tu fais ? elle expire.

– Je sors ma chemise de mon pantalon. Tu vois une autre solution ?

Elle inspire et en trouve une, lumineuse.

– Un petit tour aux toilettes, peut-être ?

– Jamais, il lui fait un clin d'œil. Je me garde pour toi.

Dix minutes plus tard, la sonnette retentit.

– Ah, tu vois bien qu'ils sont toujours en retard ! fait remarquer son mari en ouvrant la porte.

Sous-entendu « on aurait eu le temps ». Entendu « tu ne perds rien pour attendre ». Elle sert l'apéritif avec l'envie d'empoisonner tout le monde. Son mari, parce qu'il a une bite à la place du cerveau. Ses invités, pour leurs dix minutes de retard. Elle, parce que finalement oui, elle aurait pu le faire un cinquième jour, tendre les fesses et en finir, les coudes sur la cuisinière, cinq minutes sans préliminaires, pour cinq nouveaux jours de paix.

Elle remplit le verre de son mari à ras bord.

Samedi

C'est pour aujourd'hui, ou pour demain. En tout cas, pas pour ce matin. Il a la migraine. Il ne veut pas l'embrasser sur la bouche parce qu'il sent qu'il a mauvaise haleine. Elle lui dit qu'elle l'aime quand même, et descend lui acheter de l'aspirine.

À la pharmacie, un vieux couple asexué attend paisiblement sur un banc. Elle aimerait que son mari et elle soient aussi âgés pour ne plus avoir à le faire, partager les mêmes rhumatismes, la même ordonnance, les mêmes tours à la pharmacie. Ils n'y vont jamais ensemble.

Elle sourit à la pharmacienne, le sourire satisfait qu'elle fait dans son lit le premier jour des règles, quand il descend lui chercher des tampons et du paracétamol. Jamais d'aspirine pour elle. Elle n'est pas du genre à feindre la migraine, ni même à l'avoir quand elle l'a. Le truc est si répandu dans la bouche des femmes qu'elle soupçonne le mot « migraine » de provoquer un effet aphrodisiaque sur les hommes. Elle s'autorise une mycose récalcitrante les jours de canicule, triche un peu sur la durée de ses règles, feint la frustration dès que l'occasion se présente. Il prend ses regrets pour des preuves d'amour.

Elle regarde les deux comprimés se dissoudre dans le verre d'eau. Son mari boit le mélange d'un trait. La dernière goutte avalée, elle craint qu'il ne se remette à bander.

– J'ai aperçu ta mère au marché, elle invente. Elle n'avait vraiment pas l'air en forme.

Il ferme les yeux. Se souvient qu'il devait rappeler sa pauvre mère, veuve, cardiaque et maniaco-dépressive, et se rendort comme une masse.

Dans le canapé, elle songe à son triste sort, grimace, émiette une chips qui traîne, somnole en comptant les moutons sur la moquette, tripote les boutons de la télécommande, pleure un peu sur elle-même devant un documentaire animalier sur la sexualité.

Le chat possède un pénis en forme de crochet qui harponne le vagin de la chatte. Cinq secondes. Une fois tous les six mois.

Le lion mord le cou de la lionne au sang pour la retenir. Dix secondes. Une fois par an.

L'éléphant écrase l'éléphante, s'introduit dans le meilleur des cas, éjacule et s'en va. Une seconde. Une fois dans sa vie.

L'homme agite son membre dans le corps de la femme en lui racontant des histoires d'amour pour se prouver qu'il n'est pas un animal comme les autres. Le plus longtemps possible. Le plus souvent possible.

L'homme est un sadique qui se fait des idées. Certes, ça peut faire son petit effet, mais que d'efforts pour y arriver. Elle soupire. Et soupire de soupirer. Et s'oblige à arrêter. Elle ferait mieux de se motiver, se dit-elle. Se déshabiller pour prendre de l'avance, penser à après, le soulagement de l'avoir fait, la promesse d'un dimanche agréable, d'un lundi, et peut-être même d'un mardi.

En fin d'après-midi, son mari s'assoit sur l'accoudoir du canapé avec le téléphone sans fil. Elle ne s'est toujours pas déshabillée. Lui est déjà en jeans, il vient de se doucher et de se raser. Il compose le seul numéro qu'il connaît par cœur, celui de sa mère. Comme d'habitude, elle va l'inviter à souper de bonne heure. Il ne pourra pas refuser, ça fait trop longtemps qu'il n'y a pas été. Elle regarde les boutons nacrés de son gilet noir à manches longues, le nœud de son grand pantalon japonais, la couture de son collant mal ajustée sur ses orteils, dessous elle se souvient d'avoir mis une culotte sans intérêt et un soutien-gorge dépareillé, très compliqué à dégrafer.

– On a quelque chose de prévu ce soir ? lui demande son mari en aparté.

Elle dit non sans réfléchir. Il dit oui à sa mère et il raccroche.

– Tu viens ? il l'interpelle un peu plus tard, alors qu'elle n'a pas bougé du canapé et qu'elle l'a laissé enfiler ses chaussettes, ses mocassins à pompons et la chemise de son père décédé.

Tu viens, c'est la question qu'il pose quand il sent qu'il ne va bientôt plus pouvoir se retenir. Alors il suffit qu'elle réponde oui pour qu'il jouisse. C'est ce qui devrait être en train de se passer. Elle baisse les yeux.

– Excuse-moi, j'ai pas le courage, elle murmure. Ce sera pour une autre fois.

La porte se referme derrière son mari. Elle ressent une joie amère, mange une plaque de chocolat noir entière pour faire passer. Ça ne passe pas. Elle vomit marron. Prend un somnifère et s'allonge tout habillée sur le lit. Un corps endormi est forcément consentant, elle se dit, et elle rêve que le Prince Charmant la retrouve ainsi, la déshabille et la viole dans son sommeil. Après seulement, il l'embrasse, et comme dans le conte...

Dimanche

Elle se réveille nue, dans les bras de son mari endormi. Se pourrait-il que... Elle glisse un doigt entre ses petites lèvres. Sèches. On peut toujours rêver.

Une mauvaise humeur lui monte à la gorge, l'envie subite de lui hurler que tout est de sa faute. Elle serre les mâchoires et se réfugie au salon. Elle tourne en rond, bas-ventre contracté, tétons crispés, chair de poule et poils dressés. Quelle conne, elle enrage. Ça m'apprendra d'attendre les septièmes jours. Toujours la même histoire, tendue d'avoir trop attendu, à lui chercher des noises pour se réconcilier sur l'oreiller.

Elle fait la vaisselle. Il va remarquer qu'ils ne le font pas autant qu'il le voudrait.

Elle change la poubelle. Il la harcèlera.

Elle lave le frigo. Il prétendra qu'elle ne l'aime pas. Elle dira que si. Il lui répondra qu'elle n'est pas normale.

Elle lessive les portes. Il la traitera de frigide, elle protestera, il l'affectera dans la catégorie des psychofrigides.

Elle s'attaque aux vitres. Il se plaindra à ses copains qui répandront la rumeur.

Elle récure les plinthes. Il se consolera dans les bras d'une copine de copain.

Elle passe l'aspirateur. Ça, il ne sera plus après elle !

Où est-il, d'ailleurs ? Au lit, en train de lire.

– Toujours à poil ? il lui lance un coup d'œil moqueur.

« Toujours au lit ? » elle a envie de répondre mais elle se retient, elle est nue depuis le matin, son corps est recouvert de sueur et il pue.

Elle se pince le nez et s'immerge dans un bain moussant à la lavande aux propriétés antiseptique et relaxante. Dernier moment de répit. Elle respire profondément. Se lave lentement la chatte. Se rase consciencieusement. Se dit que ce qu'il y a de bien avec un dernier moment, c'est qu'il n'en reste plus qu'un mauvais à passer. Dans une heure tout ira mieux. De toute façon elle n'a pas le choix. Elle l'aime.

La lumière est éteinte dans la chambre. Tant mieux, pense-t-elle, je n'aurai pas à fermer les yeux. Elle se glisse à côté de son mari allongé sur le dos, un bras replié derrière la tête. Elle est prête. Il n'a qu'à faire un geste. Seulement il dort, aussi incroyable que cela puisse paraître.

Elle se redresse sur un coude, yeux écarquillés sur la masse cotonneuse qui gît à ses côtés. Une montagne de chair à réveiller. Doit-elle prononcer son nom ? Doit-elle le toucher ? Par où commencer ?

Glisser le tranchant de sa main dans le pli de l'aine, ramasser les couilles dans sa paume, remonter sur la verge. Par là, se dit-elle. Ça ferait un raccourci. Elle pourrait même en finir là. Le masturber jusqu'au bout. Drôle d'idée. Mauvaise. Elle se souvient qu'il se garde pour elle. Il refusera. Cherchera forcément à la pénétrer mais comment y échapper. Une fellation ? Oui, une fellation. Tous les hommes aiment ça !

Elle soulève doucement le drap, plisse les yeux pour mieux voir. La voie est libre. Elle descend comme elle est, allongée sur le côté. Elle ondule, centimètre par centimètre, prenant appui sur son bras, sa fesse, sa cheville. Le drap retombe au-dessus d'elle, il fait complètement noir, chaud. Elle sort un pied au bout du lit, puis l'autre. La couture du matelas grimpe le long de son mollet, au genou elle estime que sa bouche se trouve au bon niveau alors elle s'arrête. Il n'a rien senti. Elle ne l'a pas encore touché. Elle retient sa chevelure d'une main et approche, yeux fermés, bouche close.

Une vague de chaleur humaine lèche son visage, elle reconnaît l'effluve savonné qui se dégage du corps de son mari, le ressac qui agite l'intérieur de son ventre. Elle recule un instant pour qu'il ne perçoive pas son souffle, revient en inspirant profondément. Une odeur de bois brut se mêle à la première, puis une autre à la seconde, douce, humide, musquée, qu'elle suit à la trace.

L'effluve savonné se volatilise à mesure qu'elle avance, quelques poils frôlent le bout de son nez, nuage de thé fumé sur lit d'écorces, toute proche la moiteur du gland lové dans la peau du sexe, ses narines palpitent, cette odeur qui s'immisce, imprègne le moindre recoin de son cerveau et redescend dans sa gorge, des picotements sur sa langue, inondée de salive elle sourit intérieurement de son audace, elle va le faire, écarter ses lèvres, ramasser la verge molle avec sa langue et l'enrouler dans sa bouche, ça y est.

– Putain, mais qu'est-ce que tu fous ! il sursaute comme s'il venait de prendre une décharge électrique.

Le sexe lui échappe, elle reçoit l'os de sa hanche sous le menton et se mord la langue. Elle émerge, le cœur au bord des lèvres. Lui s'est rendormi aussi sec, en chien de fusil, dos à elle. Elle n'en revient pas.

Elle est perplexe. Les occasions manquées tournent dans sa tête, toutes les fois de la semaine. Du harcèlement. À quatre heures du matin, elle se traîne aux toilettes et, complètement hagarde, se masturbe au-dessus de la cuvette.

Jachère

Cette envie de pisser, ça l'a prise dans le grand magasin de jouets. Une envie irrépressible. Atroce. Plus forte que tout. Il a fallu abandonner le Caddie de Noël qu'elle avait mis des heures à remplir. Tant pis pour les gosses. Elle s'est précipitée dehors. Dehors, c'était encore dedans. C'était la galerie marchande.

Elle a filé dans le premier café, l'esprit tendu vers l'enseigne des toilettes, l'escalier, la porte, la cuvette, vite s'accroupir. Oui mais non, il y avait la queue devant les toilettes. Attendre là ? Aller dans le café d'en face ? Elle s'est tordue sur une jambe, puis sur l'autre, puis elle est ressortie en se tenant le ventre. À la place du café d'en face, elle est tombée sur une piscine. Le liquide appelle le liquide. Elle s'est élancée vers le radeau bleu et a sauté dans l'eau. Là, elle s'est enfin soulagée. C'était dingue ce qu'elle pouvait pisser. Juste après, elle a trouvé l'eau bonne. Alors elle a nagé dans le bonheur. Quelques secondes seulement car brusquement, quelqu'un a essayé de la noyer. Elle s'est débattue comme une folle au milieu des bulles. Quand elle a sorti la tête de l'eau, elle s'est retrouvée face à Denis qui la secouait comme un prunier.

– Réveille-toi ! T'as perdu les eaux !

Denis n'y connaît rien. On s'est disputés.

Maintenant, c'est le début de la fin et personne n'a pensé à allumer. La chambre est petite, et claire, parce que blanche. Parfois elle s'illumine, rayée par les phares des voitures qui passent dans la rue.

Elle est vautrée sur le lit une place au milieu de la pièce. Un drap couvre ses jambes. Sinon, elle est nue. Son gros ventre vide et mou s'étale comme une flaque sur le matelas. Ses énormes seins bleuâtres écartent ses bras. Un corps abandonné, tout juste maintenu par les vergetures qui l'entourent comme du fil barbelé. Sa joue repose sur l'oreiller. Ses narines palpitent et ses yeux fixent ce dont elle était pleine il y a déjà trop longtemps.

C'était donc ça, se dit-elle. Le bébé a un petit soupir. Ses bras et ses jambes se contractent un instant, un de ses poings s'ouvre en éventail, ses membres raidis décollent légèrement du drap. Tout à l'heure, il s'est réveillé de cette manière et son sein s'est mis à couler. Elle lui suggère de ne surtout pas recommencer. Le poing se referme et les membres se replient dans leur exacte position initiale, bien serrés autour de la couche. Elle préfère ça.

Elle aimerait dormir, elle aussi, comme une grenouille lestée par sa couche. Mais rien ne veut dormir chez elle et puis ça ne colle pas, son corps écrase sa propre couche et le moindre de ses mouvements lui rappelle la plaie qu'elle a maintenant à la place du sexe.

L'accouchement a débuté par un rêve où elle faisait pipi dans une piscine. En fait, elle a vraiment pissé en dormant. C'est tout. Le reste, c'est une idée de Denis. Puis des autres. Un effroyable malentendu. Bien sûr, il y avait fort longtemps qu'elle n'avait pas fait pipi au lit.

Mais quand on est enceinte et que par inadvertance on s'endort sur le dos, il se trouve que son ventre pèse de tout son poids sur sa vessie. Il suffit alors de boire un verre d'eau pour provoquer la fuite. C'est exactement ce qu'elle avait fait la veille. Et c'est précisément ce qu'elle s'escrimait à répéter à Denis.

Elle n'était pas prête. Elle était bien placée pour le savoir. Mais Denis ne voulait rien entendre. Il tournait comme un dingue autour du lit, son téléphone portable coincé à l'épaule, il appelait des taxis, il faisait sa valise, il cherchait ses chaussures et bien sûr, sans en avoir l'air, il chronométrait à la Rolex les ondulations de son ventre sous la couverture. Évidemment, avec tout ce raffut, le fœtus s'était réveillé et se crispait par intermittence.

– Il est quelle heure ? elle bâilla nonchalamment.

– Fais pas la maligne, hein ! s'énerva Denis. Ose me dire que t'as pas de contractions, là.

– Quoi ? elle s'indigna. Des contractions ? Bien sûr que non.

– C'est ça. Regarde-moi dans les yeux.

Elle le regarda droit dans les yeux.

– Soulève la couverture.

Elle soupira et bloqua sa respiration. La couverture découvrit son ventre comme un nuage la lune un soir d'orage. Calme rond.

– Tu vois ? elle lui fit remarquer, assez satisfaite.

– Ben justement, il grinça. Si t'en as pas c'est pas normal.

À la maternité, où par amour elle le suivit, le médecin ne chercha pas à comprendre pourquoi Denis brandissait un drap plein de pisse comme le saint suaire. Des maris perturbés, il en avait probablement vu d'autres. Il a poliment écarté son époux, puis ses jambes à elle, pour la regarder droit dans le col.

– Votre col n'est pas dilaté, il a constaté.

– Ah, tu vois ! elle a triomphé.

– Il va falloir le provoquer.

Le médecin ne lui laissa pas le choix des armes. Il dégaina une seringue et, tandis que par réflexe elle serrait les jambes, la lui planta dans le bras.

Dans la salle de torture, ils durent l'attacher à la table pour qu'elle ne s'enfuît pas. Elle n'allait pas céder pour autant. Un procès, elle allait leur faire un procès, elle hurlait à la sage-femme chaque fois qu'elle venait mesurer son col. Une traîtresse qui, elle en était certaine, rapportait tout à Denis, ce gros lâche qui se gardait bien de montrer le bout du nez. Dans ces conditions, son col mit neuf bonnes heures à s'ouvrir.

Au millimètre M, tous revinrent à la charge, retroussant leurs manches, enfilant des gants et des masques d'un air professionnel. À trois contre elle, ils croyaient disposer de son corps. Ça se présentait mal. À l'échographie, le fœtus leur montrait ses fesses. Elle ricana.

– Respirez, ordonna la sage-femme. Vous êtes en apnée, un-deux ! un-deux !

– Poussez ! scandait le médecin.

Denis leur obéissait, ce con, il soufflait comme un bœuf à son oreille en se tordant les mains. Tout à l'heure, il avait osé prendre la sienne pour l'encourager. Elle avait planté ses ongles bien droits sur le dos de sa main. Et elle avait mordu l'autre, quand il avait voulu lui flatter le front. Alors voilà, il ne savait plus quoi en faire, de ses mains, à part les agiter sous un robinet imaginaire.

Six heures plus tard, son utérus envoyait des décharges qui soulevaient ses reins de la table et lui glaçaient la colonne vertébrale. Ils la menaçaient pour rien. Elle hurlait non pour tout. L'épisiotomie non. La péridurale non. Les forceps non. La césarienne non. De tout cela elle ne sut ce qu'ils firent à part la faire souffrir davantage. Elle, elle ne pensait qu'à se replier. Ses paupières avalaient ses globes oculaires. Son sang refluait. Il ne circulait plus qu'au centre de son corps. Ses pieds et ses mains étaient morts et ses bras et ses jambes à l'agonie tremblaient sous l'effort. Elle se tordait comme un ver pour s'arracher de ses liens et serrait les fesses tant qu'elle pouvait. À l'intérieur, les organes se pressaient contre son utérus et elle sentait que ça tenait bon, sans doute accroché à ses boyaux.

–Vous êtes bouchée ou quoi, vociférait la sage-femme. Si vous ne travaillez pas, il va y passer.

– Arrête de faire la conne, lâche, bordel, lâche ! braillait Denis.

– C'est bon on y va, trancha brusquement le médecin.

Quelque chose se passa à ce moment-là et elle fut obligée d'écarquiller les yeux et de supporter les têtes de Denis, de la sage-femme et au milieu celle du médecin qui fourrageait entre ses cuisses. Ce dernier se redressa, un scalpel dégoulinant à la main. En contrepartie, la sage-femme bascula de tout son poids sur son ventre.

Elle suffoqua, estomaquée, forcée de desserrer les dents. Elle sentit ses yeux se révulser et une de ses cordes vocales sur le point de claquer comme un élastique. D'un coup, profitant de ce qu'elle expire à n'en plus finir, un bras congelé s'enfonça dans sa vulve et en deux trois raclées glaciales s'abattit sur sa proie. Un faisceau du néon gribouilla son champ de vision jusqu'à l'aveugler. Elle réalisa qu'on était en train de la vider et qu'elle s'évanouissait. Tant mieux, elle préférait ne pas voir ça. Ça hurla. Évidemment, ça n'était pas plus content qu'elle. Il paraît même qu'après, ça a mis une demi-heure à se déplier.

Maintenant, ses douze gosses font la queue devant la chambre trop petite pour les contenir. Denis organise le défilé. Il les a soi-disant amenés pour leur présenter le treizième. En fait, il a peur de se retrouver seul face à elle.

Elle ne respire pas les gerbes de fleurs qu'ils déposent sur son lit. Elle n'ouvre pas les cadeaux à l'imprimé du grand magasin de jouets. Elle regarde le bébé passer de bras en bras et elle pleure, car elle sait qu'au bout du compte, il n'aura plus cette bonne odeur qui lui donne tant envie de le manger.

Elle laisse faire, bien obligée. Écoute son ventre plein d'air gargouiller. Soulève le drap. Trouve que la ligne brune qui rejoint son nombril à son pubis est ridiculement distendue. Sa peau craquelée comme un vieux vernis, son corps aussi moche et bête qu'une poupée russe vide. Il faudra réparer ça. Elle attend Denis au tournant. Pour l'instant, celui par qui tout est arrivé fait comme si de rien n'était. Pour la énième fois, il prétend qu'elle pleure de bonheur et s'exclame : regarde ton frère comme il est beau et costaud ! Il peut bien jouer les innocents, dans quelques minutes il ne pourra plus l'éviter.

– Je n'étais pas prête, elle lui reprochera d'emblée.

– Tu n'es jamais prête, il soupirera comme d'habitude. À neuf mois et demi, je ne sais pas ce qu'il te faut !

Alors elle lui prendra la main. La pressera dans le creux de sa paume comme sa verge il y a précisément neuf mois et demi et lui dira ce qu'il lui faut pour qu'elle lui pardonne.

– Un petit dernier, elle minaudera.

Il n'a jamais pu lui refuser. Rien que d'y penser, ça la prend comme une envie de pisser.

Ma chère,

Vous ne m'avez pas assommée, mais c'est tout comme. Votre aveu m'a fait l'effet d'un coup de poing au ventre. Figurez-vous que je me suis évanouie sur place. Et que je viens de reprendre conscience sur la moquette. Je me relève à peine et c'est sous le choc que je me décide à prendre la plume avant qu'il ne soit trop tard.

Il est déjà trop tard, me direz-vous, puisque vous êtes enceinte. Vous. Enceinte. C'est incroyable, comme vous dites.

La pilule est un excellent contraceptif. Ajoutée à la capote anglaise et à un bon spermicide, je ne vois pas comment vous avez fait pour arriver à ce terrible résultat sans me mentir, à moins de vous appeler Marie. Passons.

Je ne veux même pas savoir comment un spermatozoïde a pu atteindre un de vos ovules. Et contrairement à vous, je ne m'étendrai pas sur ce prétendu accident dans le but d'éviter le sujet qui fâche.

L'incroyable n'est pas que vous soyez tombée enceinte par l'opération du Saint-Esprit et vous le savez très bien.

Que vous soyez tombée enceinte, c'est à mourir.

L'incroyable est que vous osiez m'annoncer cette funeste nouvelle comme un heureux événement, et l'insoutenable, le bonheur désinvolte et la joie manifeste que vous mettez à trahir notre accord. Car nous avions un accord, rappelez-vous. Ne jamais faire d'enfant, quoi qu'il arrive. Assurément vous l'avez oublié.

– Vous ne pouvez pas savoir ce que c'est, vous exaltiez-vous juste avant que je m'évanouisse. C'est extraordinaire. Je ne pensais pas que ce serait comme ça !

Que croyiez-vous, ma chère ? Que j'allais sauter de joie au plafond ?

Pour ma part, je n'ai pas changé de ligne de conduite sous l'influence de quelque surplus d'hormones. Mais vous n'avez pas tort, je ne peux pas savoir ce que c'est. Vous, vous le savez. Vous ne pensiez pas que ce serait comme ça, dites-vous. M'est avis que vous ne pensez plus du tout. Et c'est bien normal, vous êtes en train de perdre la tête. Ma chère, j'ose espérer que cette lettre vous la rendra.

Pour commencer, rien n'est plus jamais pareil à la naissance d'un enfant. Toutes les mères vous le diront, avec le sourire béat du fanatique pour les plus inconscientes, avec la grimace pour les plus lucides, celles qui savent qu'elles ne pourront plus revenir en arrière.

Effectivement, ma chère, à la naissance d'un enfant, il est déjà trop tard. Le mal est fait. On ne peut plus y remédier, à moins de l'éliminer et d'avoir le courage de passer le reste de sa vie en prison.

Rares sont les infanticides. Peu de mères passent à l'acte, toutes y pensent mais la grande majorité d'entre elles se contentent de jeter leur bébé par la fenêtre en imagination puis de se jeter sur lui la seconde d'après, pétries de culpabilité. Pourquoi ?

On comprendra aisément que les liens du sang soient plus confortables qu'une paire de menottes aux poignets. Personne ne vous reprochera de vous être enfermée dans une prison dorée avec bébé à perpétuité. C'est une activité très bien tolérée par la société. Encouragée. Dédommagée.

Ce que l'on comprendra moins, c'est pourquoi ces mères se jettent à corps perdu sur leurs nourrissons à l'instant même où elles envisagent de s'en débarrasser. Ma chère, l'explication tient en une phrase : quelle que soit l'horreur subite que peut leur inspirer leur progéniture, il y a longtemps que les mères ne peuvent plus s'en passer.

Car ce n'est pas à la naissance d'un enfant que rien n'est plus jamais pareil. C'est à sa conception. Rien n'est déjà plus pareil pour vous, vous en conviendrez. Il a suffi que vous tombiez enceinte pour vouloir faire exactement le contraire de ce que nous avions décidé d'un commun accord.

En vérité, malgré la peine que cela me cause, j'aurais bien tort de vous le reprocher car vous n'y êtes pour rien. Votre intention de garder cet enfant n'est pas la vôtre, mais la sienne. En effet, toute larve qu'il est, cet enfant est en train de vous manipuler.

Comment cela est-il possible ?

C'est très simple. Biologique. Mathématique. Un spermatozoïde plus un ovule égalent un œuf. Cet œuf n'est pas grand-chose en soi. Il est invisible tellement il est minuscule. À vrai dire, il ne donnerait rien s'il ne se trouvait pas dans votre ventre. Il mourrait immédiatement. La différence, dans votre ventre, c'est que cet œuf prend vie.

Entendez-le littéralement. *Dans votre ventre, cet œuf prend vie.* Vous l'aurez compris, c'est de votre vie qu'il s'agit. Il n'y a rien de mystérieux là-dedans, ni de miraculeux, ni d'extraordinaire. Il y a le plus redoutable parasite qu'il nous sera demandé de porter. Et de supporter. Au nom de l'humanité.

Car ma chère, l'œuf invisible finira par peser trois kilos sur votre vessie. Trois kilos avides, animés d'une mentalité de dictateur.

Le processus est déjà enclenché, vous avez dû vous en rendre compte. Tout juste formé, l'œuf s'est mis à se servir dans votre utérus comme s'il s'agissait de son propre Frigidaire.

Les premiers jours, vous n'avez rien senti. Le squatter vivait sur vos réserves. Les jours suivants, vous vous êtes sentie un peu souffrante. Vos réserves s'étaient épuisées et votre température interne légèrement modifiée. Le squatter, lui, n'en souffrait pas le moins du monde. Il s'était si bien gavé qu'il avait tout le loisir de chercher un moyen de faire reculer les cloisons de son réfrigérateur. Ce qu'il fit. Non pas de force. En se fabriquant un placenta, une sorte d'éponge capable d'absorber tous les éléments nutritifs qu'il n'avait plus à portée de main.

Vous avez commencé à vous sentir drôlement bizarre. À avoir mal au cœur. À vous dire que quelque chose n'allait pas. Et vous aviez parfaitement raison, quelque chose n'allait pas, vous ne saviez pas quoi sauf qu'il fallait vous en débarrasser. C'est pour cela que vous vomissiez sans cesse. Pour vous soulager de ce corps étranger, comme on se soulage d'un mauvais repas. C'était un bon réflexe. Très sain. Il aurait fallu continuer dans cette voie.

Malheureusement vous n'avez pas pu. Le squatteur vous en a empêchée. Secoué comme il était par vos spasmes vomitoires, il a bien compris qu'il devait vous rallier à sa cause pour continuer à se développer harmonieusement. Vous convaincre n'a pas été difficile. Grâce à son placenta, le squatteur se trouve en prise directe avec vos organes. En si bonne posture, il lui a suffi d'envoyer un ordre à votre cerveau, l'ordre de vous injecter des hormones dans le sang. Pas n'importe quelles hormones, entendez bien. Des hormones de bien-être, exactement celles que nous fabriquons naturellement lors de la copulation.

Le squatteur ne pouvait pas trouver de meilleur leurre. Depuis qu'il vous drogue, vous vous excitez. Vous vous exaltez.

– Vous ne pouvez pas savoir ce que c'est. C'est extraordinaire. Je ne pensais pas que ce serait comme ça, disiez-vous.

Ma chère, le squatteur parlerait par votre bouche qu'il ne dirait pas autre chose. Trop heureux de vous manipuler comme une marionnette. De vous faire avaler en quantité des aliments que vous détestez et qu'il adore. De vous écarter des toxiques que vous adorez et qu'il déteste. De grossir dans votre ventre comme le pénis de votre mari les samedis soir.

Du coup, il n'y a plus de samedis soir. Votre

mari l'a remarqué bien avant vous. Mais il ne s'en offusque pas, votre mari. Il a entendu dire maintes fois que les femmes enceintes perdaient leur libido. Il vous respecte. Il patiente. Devant la télévision.

Parfois, vous vous asseyez à côté de lui et vous faites semblant de vous intéresser au programme en vous caressant le ventre. Votre mari finit toujours par s'en apercevoir. Il vous sourit. Il le trouve beau, votre ventre arrondi. Sa naïveté vous attendrit. Rien d'autre. Vous ne lui avouerez jamais qu'il est cocu. Que vous vivez un samedi soir perpétuel avec un embryon en pleine expansion.

Parce que vous n'en avez pas conscience. Parce que vous ne voulez pas voir la réalité en face.

La réalité est la suivante. Vous avez dans le ventre un fœtus qui dépasse la taille de n'importe quel pénis. Vous avez le rose aux joues, les yeux pétillants et les seins gonflés que l'on connaît. Vous ne pensez plus qu'à ça mais vous ne pensez pas, pas une seule seconde, que vous êtes en train de commettre un inceste. Un inceste, ma chère.

Évidemment, c'est le genre de choses que l'on ne peut pas se dire quand on n'arrête pas de jouir. On jouit. Plus de passé. Plus d'avenir. Impossible de revenir en arrière ou de prévoir les conséquences de ses actes. On ne doute de rien.

Le fœtus, non plus, ne doutera de rien. Il n'aura plus besoin d'élaborer de nouveaux stratagèmes pour se faire accepter. Il se sentira parfaitement chez lui à l'intérieur de vous. Vos muqueuses utérines, ramollies de plaisir, s'élargiront à mesure qu'il grandira et plus il grandira, plus vous le nourrirez pour qu'il grandisse encore. Il aura largement de quoi. Vous mangerez pour quatre. Vous prendrez plus de deux kilos par mois sans aucun complexe.

Du reste, vous pourrez vous réjouir l'un de l'autre en toute impunité car, aussi incroyable que cela puisse paraître, personne ne vous jettera la pierre. On vous sourira à tout bout de champ. On vous laissera la place dans les autobus. On portera vos paquets. On vous ouvrira les portes comme à la plus belle femme du monde. Ne dit-on pas que les femmes éprises sont les plus séduisantes ?

Ma chère, que vous trompiez votre monde m'importerait peu si le monde ne se trompait pas. Le monde se trompe et vous le savez. Nous l'avons observé dans notre entourage. À défiler ventre en avant et à parler de faire un enfant comme on parle de faire l'amour, les femmes enceintes en incitent plus d'une à passer à l'acte. C'est sans doute ce qui vous est arrivé. Il y a fort à parier que vous ayez croisé quelques-unes de ces jouisseuses pour que vous commettiez cet acte contre nature et risquiez de répandre l'épidémie à votre tour. Je vous rappelle que je suis votre raison. La planète est déjà surpeuplée. Si vous persistez, soyez sûre que nous finirons asphyxiés.

Mais je m'égare. Sauver la planète est le cadet de vos soucis. Vous ne voyez pas plus loin que le bout de votre nombril. Regardez-le, justement, votre nombril. Et posez-vous la question suivante : désirez-vous un seul instant mettre au monde la chose palpitante qui s'y trouve ?

Soyez honnête, bien sûr que non. Vous ne désirez pas cet enfant. Cet enfant, vous l'avez. Et vous ne désirez rien d'autre que de le garder à l'intérieur de vous comme le pénis de votre mari après l'amour.

Dans ces conditions, inutile de vous dire qu'au neuvième mois rien ne sera prêt pour l'accouchement. Vous aurez manqué la moitié de vos séances de préparation. Vous n'aurez pas posé le papier peint doré dans la chambre de l'enfant. Vous ne voudrez pas aller à l'hôpital et la péridurale ne vous fera aucun effet. Vous hurlerez. Le bébé aussi. En se glissant par où il est venu, cet imbécile se sera imaginé trouver meilleur logis. Il tombera dans le vide. En laissera un autre derrière lui. Un vide de trois kilos dans votre ventre. Avec ça, ma pauvre chère, vous tomberez des nues jusqu'à l'enfer.

Jamais vous ne vous remettrez de votre grossesse. Jamais l'enfant ne se remettra de sa naissance. Tout juste né, il dressera son petit visage froissé vers vous pour vous demander l'impossible : retourner en votre sein.

Vous lui donnerez le sein. Ce sera mieux que rien. Sa bouche sur vos tétons, il continuera de vous aspirer et de vous titiller. Vous retrouverez un peu de la jouissance passée. Mais rien ne sera plus jamais pareil, comme disent les mères.

Et tout ira en empirant. Bientôt vous n'aurez plus de lait, ni dans le sein droit, ni dans le sein gauche. Vous n'aurez plus que vos yeux pour pleurer en vous demandant ce que vous avez fait. Votre petit chéri sera terriblement frustré. Vous vous sentirez atrocement coupable.

Votre cocu de mari s'agacera tout seul sur son canapé. Impossible de se concentrer sur son émission préférée. Vous ferez les cent pas devant la télévision, à pleurnicher dans les bras de votre amant, lui agrippé à vos seins flétris, vous le berçant de bas en haut. Votre mari a entendu dire maintes fois que jeunes mères et nourrissons vivaient une relation privilégiée mais tout de même, il ne pensait pas que ça se passerait comme ça, votre mari.

Quand il osera vous en faire la remarque, vous serez surprise de lui répondre que c'est de sa faute. Il n'avait qu'à pas vous féconder. Il n'avait qu'à pas couper le cordon ombilical. Comment n'y avez-vous pas pensé plus tôt ?

Désormais, votre mari fera un excellent bouc émissaire. Vous ne raterez plus une occasion de lui en vouloir :

Parce qu'il tire la chasse d'eau en pleine nuit et que le bébé se réveille à cause du bruit.

Parce qu'il ne tire pas la chasse d'eau et que le bébé se réveille à cause de l'odeur.

Parce qu'il va chercher le bébé et qu'il ne sait pas le tenir correctement.

Parce qu'il ne va pas le chercher et que vous n'avez pas trente-six bras.

Parce qu'il ne prépare pas le biberon assez vite.

Parce qu'il le prépare trop vite et qu'il en met partout.

Parce qu'il distrait le bébé quand vous lui donnez le biberon.

Parce que le bébé pleure quand il le lui donne.

Quoi qu'il fasse, rien ne vous conviendra. La petite queue rouge qu'il agitera courageusement devant vous les samedis soir vous laissera de glace. Rien n'égalera les trois kilos de sexe que vous aviez dans le ventre.

Mais vous ne lui direz pas ça, à votre mari. Vous lui direz que vous n'avez pas la tête à la gaudriole. Et vous rejoindrez définitivement la chambre de votre préféré de peur qu'il ne soit victime de mort subite du nourrisson.

En effet, vous serez terrifiée à l'idée que votre enfant vous quitte. Si cela devait arriver, vous préféreriez le tuer de vos propres mains.

C'est à partir de ce moment-là que vous aurez ces envies subites de le jeter par la fenêtre. Parce que vous aurez réalisé que vous ne pouvez pas vous en passer. En conséquence de quoi, vous ne pourrez rien lui refuser.

Vous ne serez pas la seule. Vous serez comme toutes les mères.

Au square, vous parlerez avec quantité d'entre elles sans jamais croiser leur regard et sans jamais qu'elles ne croisent le vôtre. Vous aurez toutes les yeux braqués sur vos petits chéris respectifs. Ils seront les plus beaux. Les plus intelligents. Les plus drôles.

Vous vous accorderez à dire qu'ils grandissent trop vite et qu'il faut en profiter au maximum.

Vous en profiterez au maximum. Mais votre enfant grandira toujours trop vite pour vous. Il n'y aura qu'à voir ses vêtements. Ils seront toujours trop petits pour lui.

Ma chère, vous pourrez le porter dans vos bras tant que vous pouvez, vous pourrez lui parler petit singe toute la journée, vous pourrez lui faire avaler des soupes à n'en plus finir, vous ne parviendrez jamais à l'empêcher de marcher, de parler et de vous renvoyer vos soupes à la figure.

Qu'importe, vous vous obstinerez. Vous ne voudrez pas en perdre une miette.

À la fin de votre congé de maternité, vous ne reprendrez pas votre travail. De toute façon, il n'était pas intéressant. Et gagner un salaire à la sueur de son front pour le reverser intégralement à une nounou quand on peut bénéficier d'un congé parental d'éducation vous paraîtra complètement absurde.

Complètement absurde, aussi, de faire appel à une baby-sitter pour que vous accompagniez votre mari ou vos amies au cinéma, à un dîner sans-les-enfants ou Dieu sait où.

Pour la forme, vous trouverez des excuses et regretterez de ne pas pouvoir vous libérer. On sortira sans vous. On vous racontera le lendemain. On s'arrachera les cheveux en essayant de trouver des solutions à un problème que vous n'avez pas.

Vous tiendrez bon. Personne ne parviendra à

s'occuper de votre bébé d'amour et de votre intérieur à votre place. Surtout pas votre mère. Encore moins votre mari.

Votre mari baissera les bras, si c'est encore possible. Il aura bien compris qu'il n'était pas à la hauteur de la situation. Il mettra les bouchées doubles à son travail. Là-bas, on le lui rendra bien. Son patron l'augmentera. Sa jeune stagiaire l'adorera.

Chez vous, quelques-unes de vos amies viendront prendre le thé en désespoir de cause, comme on visite un malade. Vous ne pourrez pas aligner trois mots sans penser à la couche qu'il faut sûrement changer, au coin de la table basse en train de foncer sur le crâne du pauvre petit chéri, au goûter de quatre heures jusqu'à quatre heures et demie et au dîner ensuite, reste-t-il assez de carottes dans le bac à légumes ? Faudra-t-il vous résoudre à lui faire avaler un de ces petits pots indignes ? À quelle heure ferme le supermarché ? J'ai quelques courses à faire, veux-tu m'accompagner ?

Une fois ou deux on vous tiendra la chandelle mais bientôt, on vous laissera tranquille. Enfin. En tête à tête avec votre progéniture. À faire la navette entre le square, le supermarché et la maison avec une impression de déjà-vu bien cotonneuse.

Ma chère, vous ne ferez pas mieux que votre mère. Vous vous serez bercée des mêmes illusions.

Je ne vous raconte pas d'histoires. Il y a des sociologues qui ont démontré bien avant moi que l'arrivée du premier enfant signait la fin du partage des tâches ménagères. Vos efforts précédents n'auront servi à rien. Vous vous retrouverez trente ans en arrière. Vous vous surprendrez à répéter les mêmes gestes que votre mère, et votre mari, affalé sur le canapé après une longue et dure et vigoureuse journée de travail, vous rappellera sans cesse votre père.

Vous l'appellerez papa. Il vous appellera maman.

Il y aura le même cahier Clairefontaine au milieu des épluchures sur la toile cirée de la cuisine. Vous y tracerez des B et des A et des B.A.-BA avec votre enfant sur les genoux et puis le lendemain, le lendemain matin, ça ira encore moins bien.

Jamais vous ne pourrez suivre votre enfant à l'école. C'est interdit. Il faudra cependant vous résoudre à l'y déposer. C'est obligatoire.

Aussi, tous les matins devant l'école, vous aurez une crise de tachycardie en le regardant disparaître par la porte cochère. À la place de cette porte, vous verrez l'entrée d'une grotte dont la maîtresse des lieux ne serait rien de moins qu'une horrible sorcière.

Vous traînerez longtemps après la sonnerie, en compagnie des mères du square que vous retrouverez dans le même état que vous. Ensemble, vous essayerez de recueillir des preuves pour chasser la maîtresse qui fait bouillir vos pauvres petits dans son chaudron tragique.

Vous ne me croyez pas ? Passez devant les écoles, ma chère, tant qu'il en est encore temps. Voyez le beau troupeau de zombies qui s'y agglutine parce qu'une fois dedans vous n'y verrez plus rien.

Vous vous fondrez dans la masse. Quand vous vous disperserez ce sera pour rentrer chacune chez vous et faire les mêmes choses. Pleurer d'angoisse. Calmer cette angoisse en passant l'aspirateur. Vous persuader que l'enfant vous reviendra malgré tout. Préparer son retour en attendant la sortie des classes. Les goûters faits maison, ça occupe.

– Alors comment ça s'est passé ? vous l'interrogerez à quatre heures et demie tapantes. Elle a été gentille, la maîtresse ?

L'enfant ne répondra jamais, il fera semblant de ne pas entendre pour ne pas vous faire de peine, mais son sourire éclatant vous brisera le cœur. Et ce ne sera rien, comparé à ce qui vous attend.

À dix ans, il vous fermera la porte de la salle de bains au nez.

À douze, vous ne pourrez plus dormir dans sa chambre.

À quatorze, il déchirera le papier peint doré que vous vous serez enfin décidée à poser.

À seize, vous l'attendrez jusqu'à minuit tous les samedis soir.

À dix-huit, vous deviendrez insomniaque.

À vingt, il laissera tout en plan et il fichera le camp.

À vingt-deux, vous serez encore en train de l'attendre. Vous n'aurez pas changé un bibelot de place dans sa chambre.

À vingt-quatre, il se mariera contre votre avis.

À vingt-six, vous le harcèlerez pour qu'il vous fasse un petit-enfant.

À vingt-huit, il n'y aura plus personne au bout du fil.

Il n'y aura plus que des souvenirs. Vous dresserez un autel à sa mémoire et vous pleurerez autant de fois qu'il y a de photos sur vos murs.

On se sent bien seul, dans la vie.

Un samedi soir, tout de même, vous repenserez à la petite queue rouge de votre mari. Était-elle si petite ?

Vous vous retournerez vers lui. Il ne sera plus là. Parti avec la stagiaire.

Vous vous laisserez tomber dans le canapé vide. En dépression.

Vous vous souviendrez qu'un couple sur deux se sépare quelques années après la naissance d'un enfant.

Vous vous souviendrez qu'à l'arrivée d'un enfant rien n'est plus jamais pareil.

Vous vous souviendrez que vous avez cinquante ans. Divorcée, sans emploi, en pleine ménopause.

Vous prendrez du Prozac. Vous prierez pour que votre enfant ne meure pas avant vous. Vous aurez envie de tomber gravement malade, avec l'espoir minable qu'il revienne vous tenir la main.

Il ne reviendra pas. Sa voiture tombera en panne sur le chemin de l'hôpital.

On se sent bien seul, dans la vie.

Maintenant ma chère, j'imagine que vous avez repris vos esprits.

Que vous avez bien en tête les raisons pour lesquelles nous avions décidé de ne jamais faire d'enfant, quoi qu'il arrive.

Que vous vous rappelez que depuis 1975, il existe des cliniques spécialisées à l'intérieur desquelles des médecins performants soulagent des femmes aussi perdues que vous.

N'ayez pas peur. Ils vous sauveront la vie.

Ne pleurez pas. Neuf mois d'orgasme contre le reste de son existence, ça n'en vaut pas la peine. Vous auriez fait un pacte avec le diable que vous ne vous en tireriez pas mieux.

Dieu merci, il n'est pas trop tard. S'il était trop tard, vous ne laisseriez pas votre raison vous remettre sur le droit chemin. Ma chère, il y a si longtemps que nous ne communiquons plus. Depuis que votre mari vous a entreprise, exactement. Impossible de vous joindre. Votre aveu m'a littéralement effondrée mais après réflexion je remercie le ciel que vous m'ayez appelée au secours.

Vous pouvez me faire entièrement confiance, je ne vous décevrai pas. Je vous accompagnerai à la clinique, je serai là pour vous tenir la main et je vous promets, je vous promets sur la tête de qui vous savez, que nous trouverons de quoi combler votre existence.

Comme vous voyez, on n'est jamais vraiment tout seul, dans la vie.

Maintenant, vous savez ce qu'il nous reste à faire. Ne perdons pas de temps, ma chère. N'attendons pas que la larve vous emporte tout à fait et que je ne puisse plus vous raisonner.

Téléphonons, ma chère. Téléphonons et prenons rendez-vous le plus tôt possible.

Tout de suite, si c'est possible. C'est possible.

Ma chère, cessons d'écrire, reposons cette plume et décrochons le téléphone.

Petite fille, lâche-moi

Cesse de gémir, tu as eu exactement ce que tu voulais. T'as encore tout saboté, ne dis pas le contraire ou je t'en colle une. Non mais tu t'aurais vue au restaurant ! Avec tes yeux écarquillés, tes babillages incessants sur la pluie et le beau temps !

Et lui : vous êtes toujours comme ça ?

Et moi : ne faites pas attention, c'est ma petite fille intérieure qui fait des siennes.

La tête qu'il a faite !

Déjà que tu m'avais mise en retard, à me faire des croche-pattes sur le carrelage de la salle de bains, à déchirer ma paire de bas toute neuve, à mâchouiller les ourlets de la seule robe que par miracle tu avais oublié de bousiller à quatre-vingt-dix degrés et pour finir cacher la clé de l'appartement dans ton tas de peluches merdique !

Tu espérais que je lui pose un lapin malgré moi, hein ? Avoue que tu croisais tes petits boudins en faisant des vœux sous ma jupe ! Menteuse !

Dieu qu'il était beau, assis à la table avec la rose rouge ! Je l'ai tout de suite aimé d'avoir tellement patienté. Il m'a tout de suite aimée d'être enfin arrivée. Il tenait vraiment à moi, contrairement à certaine que je traînais agrippée à mes talons aiguilles.

Tu m'as fait trébucher. Si. Si seulement tu t'en étais contenté... Il s'est précipité à mon secours. J'ai dit pourvu que ce ne soit pas une entorse. Il a manipulé ma cheville, à genoux comme un prince, c'était merveilleux. C'était oublier que tout ce qui est merveilleux pour moi t'est insupportable. Une goutte est tombée sur son crâne chauve. Il ne pleuvait pas. Je pleurais sans raison. Je n'avais absolument pas mal. Mon pied était parfaitement normal. Il m'a regardée d'un air compatissant. Il a essuyé mes larmes avec ses pouces et il a dit : c'est rien, asseyez-vous là mon petit, tout va bien se passer mais ça pouvait pas, je n'étais déjà plus là.

Tais-toi. Tu es sortie de sous ma jupe, ne raconte pas d'histoires, tu m'as désobéi. Le temps que je m'assoie, tu enfonçais ma tête entre tes cuisses, tes genoux pointus me broyaient les mâchoires comme un mors de cheval. Je manquais d'air, rouge de honte, en dessous de tout. Tu babillais du haut de tes trois ans, les coudes sur la table, une charade Carambar. Une charade Carambar ! Quelle doublure !

Ça l'a fait rire ? Ben tiens, il doit encore se battre les flancs à l'heure qu'il est. Combien de fois faudra-t-il te répéter que les femmes n'ont pas à faire rire les hommes ? Combien ? Quelle comédie !

Elle était où la trentenaire bien sous tous rapports, carrière accomplie, envie de construire et de fonder un foyer ?

Une petite pute ivre, voilà pour quoi tu m'as fait passer, avec ta voix de bébé dans mon décolleté. Arrête de pleurer, je te hais. Tu veux savoir la vérité : tu ne devrais pas exister. Si je pouvais t'abandonner sur une aire d'autoroute, je le ferais sans hésiter.

Non mais !

À quoi ça sert que je me maquille si tu me frottes les yeux au moindre courant d'air ?

À quoi ça sert que je fasse mes ongles si tu me les ronges chaque fois que je sors de chez moi ?

Regarde, non mais regarde ! Tu les vois mes doigts en sang ? C'était bon ? Tiens, prends ça ! Au moins, t'auras une bonne raison de pleurer.

Vas-y, braille tant que tu peux.

C'est ça, vomis ton lait à la fraise, ta tomate Mozzarella, ta pizza quatre fromages et ton tiramisu. Bien fait pour toi. Trente-cinq ans que je te signale que je ne digère pas le lait.

Tu as faim maintenant ? Au lit immédiatement !

T'as peur du noir ? Ferme les yeux.

C'est pire ? Invente-toi une histoire et fous-moi la paix...

Ne me touche pas, tu entends ! Fini les marchés de dupes. Quand je pense que je t'ai laissée choisir ce vieux sur le catalogue de l'agence. Que tu m'as juré craché que tu te tiendrais tranquille jusqu'au bout... mais non, c'était trop te demander. Une envie urgente, au moment où je prends un peu de plaisir, de vérifier s'il ressemblait autant à notre père que sur la photo. Merci bien. Trente-deux ans de perdu. Trois ans d'âge mental, échec total : mon petit, je ne vous dis pas au revoir. Ne le prenez pas mal, mais je suis trop âgé pour me lancer dans cette aventure.

L'inverse m'aurait inquiétée, côté pédophile on y était. De ma faute ? De MA faute si tu parles à ma place, si tu tapes des pieds pour obtenir une paille, si tu fous de tout partout et si tu montes sur ses genoux au moment où il te demande d'essayer de te calmer et d'articuler ?

Quoi, le renvoi de tiramisu sur son épaule ? Tais-toi tu me fatigues. D'accord, c'est moi qui ne digère pas le lait. De toute façon qu'est-ce que ça change, ils me prennent tous pour une folle avec toi. Personne ne veut de moi. Tu prends toute la place. Pourquoi tu m'empêches de vivre, hein ? Qu'est-ce que j'ai fait pour mériter ça ? Tu ne pouvais pas grandir avec moi ? Personne n'a ça. C'est pire qu'une maladie orpheline. On va finir toute seule.

Tiens, on s'arrête de pleurer ? Ça te plairait hein, qu'on finisse vieille petite fille pourrie.

Oh, le joli couple que voilà ! Ma pauvre c'est la mort. Ça te fait rigoler ? Mademoiselle s'en fout ? Mademoiselle se croit immortelle ? Je vais te montrer, moi :

Tu vois ton poisson rouge ? À la poubelle !
Ton canari ? Aux chiottes !
Ton hamster ? Micro-ondes !
Ton chat ? Fenêtre !
Mort, mort, mort, mort !

L'avenir d'une femme c'est un homme, je te signale. Ils font des enfants qui en font d'autres et encore et encore. C'est ça, la vie. Il me faut un homme, mets-toi bien ça dans ta petite tête de linotte. Tu vois ces seins ? Ces poils ? Ces fesses ? Ce ventre ? Ils sont faits pour jouir d'un homme et engendrer, pas pour faire des patiences avec toi en attendant de mourir. Quoi ? Plutôt mourir que d'avoir un frère ou une sœur ? Crève ! Je suis pas ta mère !

La fenêtre ? Te gêne pas pour moi, tu veux que je t'aide ? Oui ? Oui ? C'est parti, un, deux… NON ! Arrête, ça va pas la tête ?

Si tu te tues, tu me tues. Je te préviens, si tu ne lâches pas cette rambarde immédiatement… Qu'est-ce que tu veux ? Bonbons ? Poisson rouge ? Canari, hamster, chat, chien ?

D'accord, je t'écoute. Je ne t'aime pas ? D'accord. Mais non bien sûr que si, tu sais bien que je t'aime. Ça ne se voit pas ? Mais si, bien sûr que non, regarde, viens dans mes bras, viens, lâche cette vilaine rambarde, dansons, tu connais la gentille chanson ?

Écoute ma peau,
Touche mon odeur,
Respire mes yeux,
Regarde ma bouche
Goûte ma voix,
Là, ça ne va pas mieux ?

Aïe ! Non mais… mon… mon pouce ! T'as mordu mon… mais t'es complètement folle !!! Lâche-moi, aïe ! Mes seins, ventre, poils, aïe, tu me fais mal ! aïe… ahhhrrrrrg !!!!! BOUM !

Alors, c'est qui la plus forte ? Tu fais moins la maligne, hein ? Tu voulais me bouffer, c'est ça ton truc ! Espèce de cannibale, tu vas le payer. Arrachage de dents. Si. Au choix : une à la fois ou toutes ensemble. Ne me regarde pas comme ça ou je te crève les yeux. Choisis : sécateur, marteau ou fil à la porte.

La mort ? Encore la mort ? Jamais de la vie. Si je te tue, je me tue, tu peux toujours hurler aux voisins, je les attends jambes ouvertes. Tu dis ? Maman ? C'est maman que tu veux depuis le début ? Pauvre idiote. Elle est morte quand j'avais ton âge, qu'est-ce que tu veux que j'y fasse !

L'Envie

–Trente-six brochettes? je m'exclame dans le combiné comme si c'était la fin du monde.

– Ce n'est pas assez? s'alarme ma meilleure amie au bout du fil.

– C'est pas trop plutôt? T'as invité tout le Val-de-Fontenay à dîner ou quoi? je rétorque, me félicitant d'avoir choisi ce terrain de prédilection pour amener Esther à me répéter la liste de ses invités. Une fois, l'air de rien, c'est le genre de question que l'on peut poser, mais deux, ce n'est décemment pas raisonnable. Elle aurait des soupçons.

– Attends voir, elle embraye comme prévu, les Martin et leurs trois gamins, Colette et Gérard, Michel et toi, nous trois et Sonia ça fait…

Sonia. Il fallait que je l'entende pour y croire. Certes, c'était idiot de ne pas y croire, l'inauguration de ses sculptures dans le jardin d'Esther, elle ne pouvait pas ne pas y être.

C'était idiot. Pourtant, du jour où Esther a balancé cette braise noire dans mon calendrier, je n'ai cessé de souhaiter une annulation en plus de la réponse à l'habituelle question sans réponse : pourquoi cette salope d'artiste s'est-elle un jour installée à deux pas de chez ma meilleure amie ?

Les vœux ne marchent pas. Maintenant c'est le jour de la braise noire, et à l'heure qu'il est, il faudrait un miracle pour qu'elle ne m'empoisonne pas la vie. Tout peut arriver, il paraît.

– Sonia a installé ses trucs ? je coupe Esther dans son calcul dont je me fiche éperdument.

– Oui. C'est superbe. Je ne t'en dis pas plus, tu auras la surprise. Tout se passe à merveille. On en est à l'enfilage des brochettes, alors tu vois.

– On ?

– Oui, Sonia et moi. Elle est là depuis ce matin.

Je vois. Il est trop tard pour qu'elle tombe d'une échelle. Trop tard pour qu'elle attrape mal. Trop tard pour qu'elle enterre sa mère. C'est vraiment la fin du monde.

Dans la voiture, je prends la place du condamné à côté de Michel et je me demande comment je vais survivre à ce barbecue. Pourquoi faut-il que Sonia existe ? Pourquoi faut-il que ce perfide serpent s'immisce si sournoisement dans notre cercle ?

Évidemment, personne ne s'en rend compte. Tout le monde est tombé sous le charme de la belle garce. Esther comprise. Je me souviendrai toujours de sa réponse quand je lui ai demandé le plus innocemment possible si Sonia avait un compagnon : plusieurs, elle m'a répondu en riant, elle donne dans l'homme marié, question de liberté. Mon mari sifflote dans les embouteillages, le bras pendant par la fenêtre ouverte. Tout à l'heure, il a lavé sa grosse voiture, s'est rasé de frais, a ouvert sa belle chemise à carreaux sur ses tablettes de chocolat et m'a demandé comme si de rien n'était ce que je fabriquais à regarder ma penderie en chien de faïence.

Je n'en étais plus à chercher un vêtement à la hauteur. J'envisageais sérieusement d'invoquer un malaise pour me retirer de cette mascarade. Puis je me suis vue seule dans mon lit les imaginant folâtrer dans le jardin. Sonia, une pique de barbecue à la main, pourchassant Michel dans une petite robe rouge. Michel, flatté à s'en faire péter le pantalon. Rester, c'était de la lâcheté. Y aller, du masochisme.

Les pneus crissent sur le gravier d'Esther. En définitive, j'aurais mieux fait de les crever.

– Qu'est-ce qui te fait rire ? me fait sursauter Michel.

– Hein ? Rien… rien du tout…

– Ben voyons, il marmonne en claquant la portière.

Je le regarde s'éloigner un instant. Seul. Libre. Disponible.

– C'est ta chemise, je le rattrape. J'sais pas, ça fait pas un peu beauf de la laisser ouverte ?

– Mouais… il hausse les épaules, qu'est-ce qu'on s'en fout…

J'ai envie de lui demander l'effet que ça lui ferait si je me baladais les seins nus. Mais ce n'est pas le moment, c'est le moment de me demander de quoi j'ai l'air à côté de lui. Et une fois fait, de regretter d'avoir enfilé ces talons aiguilles idiots et cette petite robe rouge qui double le volume de mon ventre.

Je le rentre, je serre les fesses et je fais mon entrée dans le jardin, essayant d'imiter les autres fois, les fois d'avant Sonia, où j'étais tellement heureuse d'aller au barbecue de mes amis. Ils sont tous là, entourés d'un tourbillon d'enfants, devisant gaiement un verre à la main sur la pelouse. Tout ça est affreusement décontracté et sympathique.

Bien que je ne voie pas Sonia, je sens qu'elle est partout. Je la cherche des yeux et bientôt je comprends pourquoi les enfants sont si excités et les adultes si exclamatifs. Une à une les sculptures, jusqu'alors invisibles, surgissent du décor. Un poney grandeur nature, près de la mare, une autruche dans les herbes hautes, un singe suspendu au platane, que sais-je encore. Sur le mur je discerne le chat d'Esther, aussi médusé que moi, lorsqu'un bras amical encercle mes épaules. Je me retourne et je bondis en découvrant Sonia.

– Excuse-moi, je ne voulais pas te faire peur, elle m'embrasse sur la joue et déclenche une bouffée de chaleur. J'ai l'habitude de toucher les gens, ça doit être à force de tripoter les bêtes, elle éclate de rire.

J'éclaterais volontiers en sanglots. Je dois être aussi rouge que ma robe. Je bredouille, continuant de rougir à cette idée. Je me vois violette, noire, paquet de cendres. Grillée. Puis glacée, car ce qui devait arriver arrive : elle s'élance dans les bras de Michel qui, parti chercher deux gobelets de sangria, n'en demandait pas tant.

Impossible de lire sur les lèvres de Sonia quel genre de compliment elle lui sert pour lui faire oublier ma présence. Toujours est-il que c'est à elle qu'il tend mon gobelet. Aujourd'hui elle boit dans mon gobelet. Demain elle pourrait tout aussi bien coucher dans mon lit. J'avale ma salive en mesurant la distance à parcourir pour rappeler à cette garce que j'existe.

À mi-parcours, une cigarette à la main et un « est-ce que tu aurais du feu Sonia » bien mâché sur le bout de la langue, un plateau de brochettes me barre brusquement la route.

– Alors, qu'est-ce que tu en penses ? s'enquiert Esther à brûle-pourpoint.

Sonia a tout pour plaire. Elle a des marques de peinture jaune sur son short en jean qui attirent irrémédiablement le regard sur la chute de ses reins, un dos bien cambré et une paire de tétons qui gigotent sous un cache-cœur safran. Le genre de femme à qui l'on ne peut rien refuser.

– C'est fascinant, je m'entends murmurer.

– Je te parle des brochettes, pas des sculptures.

– Ah ?

Je prends une brochette par politesse et, faisant mine de m'intéresser à la conversation culinaire d'Esther, me déplace de manière à toujours garder un œil sur le danger public qui, Michel au bras, bondit pieds nus d'un convive à l'autre. Je dois bien me rendre à l'évidence. De toutes les femmes présentes, elle est la plus belle. La plus sensuelle. La plus drôle. Et la plus spontanée. Tout ce que je ne suis pas et que je fais semblant d'être à longueur de temps. J'ai mal tellement elle est à l'aise. Je me sens si petite. Si nulle. Et si vide.

La brochette était crue. Tout le monde se moque de moi parce que sans faire attention j'ai mordu dedans.

– L'art c'est bien beau mais ça ne remplit pas le ventre ! entonne Esther qui a décidé qu'il fallait que je sois affamée et qu'il faisait trop sombre maintenant pour y voir quoi que ce soit.

N'importe quoi. D'abord je n'ai pas faim et ensuite j'y vois parfaitement clair. Au bout de la pelouse, sous l'arbre près de la table dressée, la silhouette en arabesque de Sonia oscille dangereusement vers celle de Michel…

– Tu as raison, je meurs de faim, à table ! je m'emballe soudain.

Faut-il que je ne sois plus rien pour que rien ne l'empêche ? Le profil de Sonia à cinq centimètres de la joue de Michel, quatre, trois, deux, plus qu'une seconde et je me tords la cheville et je tombe et je jure face contre terre.

Maudits talons. Je me redresse à toute allure et puis voilà, j'en suis toute retournée, comme un arrêt sur image la bouche de Sonia est restée en suspens à une seconde de l'oreille de Michel. La belle garce, plutôt que de l'embrasser, a choisi de lui chuchoter quelque chose à l'oreille.

– Ça va ?

– C'est rien, je bredouille au talon aiguille qu'on me tend comme un micro. Plus de peur que de mal.

– Alors tant mieux, on m'assure tandis que je remets ma chaussure.

Mais je n'en suis pas si sûre. J'aurais presque préféré qu'elle l'embrasse et qu'on en finisse plutôt que de supporter de la voir susurrer des avances au premier mari venu.

Sans la quitter des yeux, je laisse les autres me dépasser et je me demande ce qu'elle peut bien lui trouver. Je ne vois pas. Tout ce que je vois, c'est que Michel, pas plus qu'un autre, ne pourra lui résister. Il écarquille les yeux dans le vide, se fend d'un sourire niais et tout à coup, sans prévenir, s'agenouille tel un esclave aux pieds nus de Sonia. Les bras m'en tombent. Je me pétrifie comme une statue romaine quand Sonia, devant tout le monde, fait cette chose inouïe qui consiste à passer ses jambes autour du cou de Michel. Tout devient flou, jusqu'au crâne dégarni de Michel qui s'élève entre ses cuisses en jean.

– Moi aussi, papa, je veux monter sur tes épaules ! s'exclame une petite fille quelque part.

Tu parles, je me réveille, elle est en train de le monter, il n'y a pas d'autres mots, et de le faire chanter. Le voilà qui imite le susurrement d'un moustique. Au bonheur des enfants qui s'y mettent en riant.

– À droite, recule, avance, attention, guide Sonia la tête dans les branches et les bras en l'air.

Il y a aussi des adultes pour trouver ça drôle. Sans doute des envieux. J'en vois plus d'un qui courberait l'échine à la place de Michel.

–Vous jouez à quoi là ?

– Une performance ?

– On peut vous aider ?

– Ça va, Michel, tu tiens le coup ?

La monture ne répond pas aux questions. La monture obéit aux ordres aveuglément, enivrée par l'odeur du sexe de sa cavalière écrasé contre sa nuque. Là. Sonia a trouvé ce qu'elle cherche dans l'arbre. Elle s'étire, ses cuisses se tendent, son ventre jaillit entre son cache-cœur et son short, puis se creuse entre ses côtes et je manque d'air quand il se fend d'un nombril. Le nombril de Sonia. Ce par quoi elle existe. Dans l'ombre, on feint le suspense mais on ne se gêne pas pour reluquer.

Soudain la lumière se fait entre les doigts de Sonia. Éclabousse son visage. Les regards alentour fuient du nombril à la guirlande de lampions en forme de moustiques qu'elle vient d'allumer au-dessus de la table. Le clou du spectacle, j'imagine, puisque le cercle des admirateurs s'extasie de ce collier d'insectes en papier mâché. Pour moi, ce qui aurait été spectaculaire, ce soit qu'elle prenne une chaise plutôt que de déposer les marques de son jean sur la nuque de Michel. J'y glisse négligemment la main – c'est brûlant – tandis que Michel s'ébaudit comme tout le monde. Le voilà qui fait claquer ses paumes l'une contre l'autre. Applaudissement général. Je dois applaudir aussi. Et sourire, alors que je ne pense qu'à m'évanouir.

À table, je réussis miraculeusement à me placer entre Michel et Sonia. Grâce à ça, Michel parle avec les gens de droite et Sonia avec ceux de gauche. Elle ne fait absolument pas attention à moi. J'ai beau chercher, je ne trouve rien à dire qui puisse rompre le charme qu'elle exerce sur la moitié de la table.

– Moi je fais ce qui me plaît, elle jubile. Je me fous de ce que les gens pensent de moi. Il ne faut pas avoir peur d'être ce que l'on est, on n'a qu'une vie, je ne vais pas me la bousiller à lécher les bottes des agents artistiques. Et ça marche, le plus drôle c'est que ce sont eux qui me les lèchent, figurez-vous.

Je me figure Sonia, nue sur la table et toutes ces langues sur elle et moi loin derrière, si loin, si seule, si bête.

Je n'ai aucune contenance à côté d'elle. Il n'y a rien à faire, c'est comme le coup des verres, je n'ai jamais réussi à les voir à moitié pleins. Ceux sur la table sont pourtant bien remplis. Trop. Il y a un idiot qui a décidé qu'« on allait fêter ça jusqu'au bout de la nuit ». De la folie furieuse. Plus personne ne va se tenir. Une fois sur deux je bois dans le verre de Michel pour éviter qu'il se mette à faire n'importe quoi, il m'a raconté qu'en 1968 il s'était mis complètement à poil et je ne voudrais pour rien au monde qu'il recommence.

Un quart d'heure que l'on a fini ces satanées brochettes et personne ne songe à débarrasser.

Des paroles stupides fusent de part et d'autre de la table. Je n'arrive à me concentrer sur aucune d'elles. Le rire cristallin de Sonia m'en empêche à chaque fois. Son reflet comme une flamme lèche le bord de mon verre. Je me demande si elle ne sait pas qu'elle est belle ou si elle fait semblant de ne pas le savoir. En attendant, Michel lève le coude comme jamais. Je me mets à empiler les assiettes nerveusement. Au passage, je brise mon verre exprès pour pouvoir boire plus à mon aise dans le sien.

– Et si on baisait ? propose nonchalamment Sonia en extirpant un paquet de cigarettes de son cache-cœur.

Arrêt sur image. On s'étrangle dans le camembert. Un sourire aux lèvres, Sonia tire une cigarette de son paquet et la tasse sur la table en nous regardant.

– Alors ? elle s'exclame en fichant sa cigarette entre ses dents. Vous voyez bien que le sexe est tabou !

Ils suffoquent de rire. Ils sont épatés par la démonstration. Ils ont chaud. Ils arrosent ça. Je sens que je blêmis, que les coins de ma bouche forment d'horribles virgules. Et c'est le moment qu'elle choisit pour se rappeler mon existence.

– Tu as du feu ?

Je n'ai pas le temps de prendre le briquet de Michel que trois autres s'allument déjà.

Au dessert, je me sens aussi liquide que la flaque de glace qui s'étale dans mon assiette. D'un côté, j'ai bu tous les verres de Michel ; de l'autre, j'ai resservi Sonia tant que je pouvais dans le secret espoir qu'elle tourne de l'œil. Peine perdue. Contrairement à moi, elle tient affreusement bien l'alcool. Elle rit comme on jouit, l'œil qui brille et la lèvre humide. Bien sûr elle monte au rideau, elle, elle ne fait pas semblant.

– Effectivement, dans ces conditions, je ne dis pas non ! s'emballe Michel au sujet de la vie de jardin.

Je n'en reviens pas. Voilà que le rat des villes change de camp dans le sempiternel débat « Parisiens contre Banlieusards ». Gérard et Colette suivent le mouvement. C'est insensé. Depuis le temps que j'essaye de les convaincre de nous mettre au vert, il aura fallu que ce soit

Sonia qui les persuade. Du coup, il n'y a plus de débat. Je devrais m'en réjouir. Je ne vois pas ce qui pourrait m'arriver de pire. Comment pourrais-je supporter d'habiter à côté de chez Sonia ? Comment expliquer que sa seule existence bouleverse ma vie tout entière ? Qu'elle m'anéantit purement et simplement ? Personne ne comprendrait. Même pas Esther.

Esther est ravie. Je fais semblant de l'être. Elle nous voit déjà frapper à sa porte toutes les cinq minutes pour lui demander du sel. Je ne me suis jamais sentie aussi loin d'elle. De leur côté, Gérard et Michel imaginent quel genre de sculptures ils voudraient pour leur jardin. Sonia fait comme si elle n'entendait pas. Elle propose aux Martin de donner des cours de créativité à leurs enfants les mercredis après-midi. Et lance comme du grain aux poules une poignée de cartes de visite pour nous inviter à visiter son atelier la semaine prochaine. Son atelier, je l'ai déjà vu. Un jour en venant ici, la fois d'après avoir fait sa connaissance, je me suis glissée à sa fenêtre. Des seaux de peinture rouge jonchaient le sol et des silhouettes nues, comme des taches grandeur nature sur les murs faisaient le tour de la pièce. Je n'avais vu Sonia qu'une fois. Mais j'ai tout de suite reconnu les empreintes de son corps.

– Et maintenant, que celui qui la trouve l'emporte ! s'écrie Sonia au sujet d'une sculpture de hérisson qu'elle a cachée dans le jardin.

Tout le monde la veut. Le bruit des chaises que l'on tire m'extirpe de ma torpeur. C'est la ruade. Et la panique. Je me lève, trop vite, vacille, tends la main vers Sonia mais elle n'est déjà plus là. Les taches jaunes de son short disparaissent derrière les carreaux de la chemise de Michel. S'il lui touche un cheveu, je le tue !

Aperçus, suivis, perdus. Je suis fichue. C'est de ma faute. À m'efforcer de les poursuivre tous les deux, je me suis égarée dans la jungle noire.

Des flammes de briquet s'allument au loin. J'entends des exclamations, des feuilles qui s'écrasent, des murmures, des soupirs et des rires. Un homme qui joue à faire peur à une femme. Mais ce n'est pas Sonia, elle n'a pas de briquet et je me souviens de sa voix quand elle s'est excusée de m'avoir fait peur, excuse-moi je ne voulais pas te faire peur, elle a dit, et aussi j'ai l'habitude de toucher les gens à force de tripoter les bêtes, et au milieu de tout ça elle m'a embrassée sur la joue et j'ai eu si chaud que j'en frissonne. Je frissonne en songeant qu'elle est prise. Quelque part dans le noir un homme dans Sonia. Ce salaud doit s'en donner à cœur joie.

Je titube d'un fourré à l'autre, un scandale je vais faire un scandale, mais je n'aperçois rien d'autre que l'ombre de son corps, ici je sens son odeur mais c'est la mémoire de son odeur, là j'entends un baiser volé mais c'est une pomme qui tombe, c'est moi la pauvre pomme qui roule, tourneboule en rond, oui j'ai bu comme un trou et alors, alors je vomis un peu au pied d'un pommier, pleure beaucoup contre un zèbre, écrase un hérisson, manque de tuer le chat d'Esther et m'arrache les cheveux parce que toujours elle est là, si là, do ré mi fa sol, je suis folle.

Je me retrouve devant un charnier de vaisselle, ridicule à faire le fond des verres, moins que rien, bredouille au point de départ. Si ça continue, je ne l'aurai jamais. C'est bien simple, je rate tout ce que j'entreprends depuis que je la connais. Elle, tout lui réussit, rien ne lui résiste, même les moustiques s'y font prendre. Il n'y a qu'à voir la nuée autour de sa guirlande de lampions. Avec la bêtise des illuminés, ils tourbillonnent et susurrent des trucs à leurs sosies en papier mâché. Ils en oublient de me piquer, j'ai pourtant de très appétissants pieds en sang et des mollets égratignés qui vont parfaitement avec ma petite robe rouge en lambeaux mais non, ils préfèrent se cogner au machin de Sonia, c'est tellement plus excitant de se cramer les ailes et retomber comme des crottes de nez dans les assiettes sales... ou ailleurs. Certains élus ont l'immense privilège de s'écraser sur les cartes de visite de leur idole. Je ricane en les fourrant dans mon soutien-gorge. Elles sont à moi !

Je m'en fiche, on peut bien m'avoir caché la moitié de ce jardin, personne ne m'empêchera de continuer, il suffit d'avancer les mains devant pour ne pas me prendre je ne sais quoi en pleine figure. Des masses sombres et végétales avancent vers moi en gargouillant. Je traverse des trous noirs. Ne discerne plus le haut du bas quand soudain, surgi de nulle part, un petit bout de jaune orangé me tape dans l'œil. Le cache-cœur safran de Sonia. J'y cours, vole, trébuche, peste, tend la main il m'échappe, se dédouble, triple, comment fait-elle pour se trouver dans tant d'endroits à la fois ce n'est pas possible je m'élance, franchis un mur de branches et retombe à genoux sur la pelouse, devant la maison d'Esther, dont les trois fenêtres du salon rayonnent d'une lumière exactement safran. Méprise totale. J'enrage, me retiens d'hurler son nom, tout le monde rappliquerait. J'arrache à la place quelques poignées de gazon que je baptise Sonia, Sonia, Sonia tu me tues.

Elle était là. À l'intérieur. Il suffisait de pousser une porte pour la trouver. Ma main est encore crispée sur la poignée et je sais, à cet instant précis, que si elle m'avait entendu entrer elle se retournerait. Aussi incroyable que cela puisse paraître elle ne fait rien de mal. Accroupie devant la cheminée, elle souffle avec application sur les braises noires, les fait rougir et s'enflammer. Des flammes colorient les triangles que forment ses bras et son buste safran. Allument ses cheveux miel tout autour de sa tête. Je pense que nous sommes tout à fait seules. Libres. Disponibles. Je pense que la poignée a quitté le creux de ma paume. Je pense que je m'approche sans m'en rendre compte. Je pense que j'aimerais ne plus jamais penser à elle et puis je ne pense plus rien du tout. J'empoigne brusquement ses cheveux dans sa nuque. Elle me présente son visage, ses lèvres forment un O de surprise et juste avant qu'elle ne crie je l'embrasse à pleine bouche.

Quelque chose de malsain dans l'air

Son odeur m'a réveillée en sursaut. J'ai été surprise de ne pas me trouver dans ses bras, le nez enfoui sous son aisselle. J'étais seule dans le lit. Mon mari était parti à son chantier, cette nouvelle église qu'il restaurait. J'ai reniflé les draps de son côté, sa taie d'oreiller, la mienne, ma chemise de nuit, mes cheveux et mes doigts. Son odeur planait, intime, douceâtre, un peu écœurante, plus forte que d'habitude. Elle couvrait celle du parfum dont Rémi s'aspergeait sans arrêt depuis que je le connaissais. Drakkar noir. Je reposai le flacon sur le lavabo de la salle de bains et j'entrai dans la douche avec un léger mal de tête.

J'en sortis revigorée, et affamée. Je pensais aux tranches de pain complet que j'allais faire griller à la table de la cuisine, en face de la fenêtre d'où j'observais notre amandier fleurir, quand l'odeur de Rémi m'a frappée à nouveau. Je m'arrêtai dans le couloir, stupéfaite. Son odeur était revenue avec la violence d'un cauchemar dont on se souvient longtemps après s'être réveillé. Elle n'avait rien à faire dans le couloir. Il y avait quelque chose de malsain dans l'air.

J'avançai. L'image de Rémi me suivait comme un animal domestique. Sa silhouette carrée, ses gestes précis et doux, ses yeux d'ange moqueur qui m'avaient fait craquer. J'ouvris le frigo et je fis revenir le mou pour le chien malade. Les morceaux de viande crépitaient dans la poêle. Mélangés aux effluves de mon mari, on les aurait crus avariés. J'eus un haut-le-cœur. C'était impossible. On ne peut pas sentir l'odeur de quelqu'un qui n'est pas là à ce point.

J'éternuai trois fois de suite, me mouchai et reniflai mes miasmes. Ça ne pouvait venir que du cerveau. J'étais folle. Obsédée ou bien enrhumée depuis toujours. Je gloussai. Rémi allait bien rire quand je lui dirais que je l'avais dans le nez. Il répondrait qu'avec un nez pareil, il aurait eu tort de s'installer dans celui de la voisine. On allait plaisanter. Tout s'arrangerait chez l'oto-rhino. J'avais sans doute l'odorat détraqué.

Je portai l'écuelle du chien malade dans le salon. L'air était saturé de Rémi. Ma respiration se bloqua. Je fixai le canapé derrière lequel le chien agonisait depuis trois mois, sa gueule de berger sur ses pattes avant, la truffe décolorée par les traitements, les yeux entrouverts et blancs. L'odeur venait de là. Je lâchai l'écuelle et j'appelai le portable de Rémi en tremblant.

– Hauts les mains et peau de lapin ! fit sa voix préenregistrée. Dites-moi tout. Tout ce que vous direz sera retenu contre vous. *Bip !*

– Le chien est mort. Je t'attends dans le jardin.

Rémi m'a serrée dans ses bras. J'ai retenu mon souffle, les yeux sur les flocons rose pâle de l'amandier. Quand je n'ai plus pu, la mort m'est montée au nez. Des larmes gelées me piquaient.

– La première fois qu'on voit un mort, ça fait toujours un choc, dit Rémi en fourrant dans ma main un de ces mouchoirs en tissu blanc qu'il avait toujours sur lui. Même si c'est un chien.

À cinq ans, Rémi avait été victime d'un accident de la route. Éjecté de la voiture familiale, il avait retrouvé ses parents et son frère en bouillie, complètement défigurés.

Il entra dans la maison. Je scrutai son visage derrière la porte-fenêtre du salon. Un visage de marbre. On ne peut pas sentir sa propre odeur. Il tira le canapé, ramassa le chien à bras-le-corps et revint dans le jardin. Le chien me parut tout petit dans ses bras, sa langue pendante dans le froid, sans buée.

Des nuages de fumée sortaient de la bouche de Rémi chaque fois qu'il enfonçait la pelle dans l'herbe mouillée au pied de l'amandier. J'étais médusée. Comme je refusais de rentrer au chaud, Rémi me demanda d'aller chercher le petit cercueil dans le coffre de la voiture. Le curé de l'église qu'il restaurait le lui avait donné pour le chien. Les parents de l'enfant mort avaient décidé au dernier moment de l'incinérer.

– Je lui ai dit que ça tombait drôlement bien, fit mon mari en me coulant un regard en biais.

Je me forçai à rire. Nous riions de la mort prochaine du chien depuis des semaines. Le cercueil de l'enfant lui allait comme un gant. Rémi lui caressa le flanc, où les poils étaient écrasés, ferma ses yeux blancs, déplia une oreille, referma la boîte et la recouvrit de terre. Je suis restée devant les primevères retournées. Quand mes orteils et mes doigts se sont engourdis, je suis rentrée.

Le lendemain, j'avais le nez complètement bouché. Je remerciai la vie, ravie du sursis qu'elle m'accordait. Tous les jours, je m'échinais au jardin, semant à tout va en robe de chambre, un œil au pied de l'amandier où les primevères se redressaient au soleil. Quand j'entendais la voiture de mon mari dans l'allée, je me remettais vite au lit. Il sautait dans sa douche, puis me rejoignait dans la chambre où il ramassait ces mouchoirs en tissu qu'il me donnait en quantité. Il les remplaçait, puis étalait sur ma poitrine de la pommade à l'eucalyptus dont lui seul pouvait sentir les émanations. Il me racontait des blagues. Je toussais. Il m'appelait sa Dame aux camélias. Ses yeux bleu clair papillonnaient. Un jour, sa main s'égara, traçant des huit autour de mes seins couverts de sueur.

– Je crois que j'ai attrapé ta grosse fièvre.

Nous avons fait l'amour. Malheureusement, une quinte de toux m'a prise quand j'ai joui et le lendemain, Rémi s'est senti obligé de faire venir le médecin. Bronchite surinfectée. J'ai avalé chaque cachet sous le regard bienveillant de Rémi qui m'apportait des verres d'eau au lit. Son odeur avançait à mesure que mon brouillard tombait, un Drakkar noir charriant la mort dans son sillage.

L'odeur de la mort a ceci de particulier qu'elle échappe à la description. Elle est comme la mort. Insurmontable.

J'ai commencé à vivre en apnée. Je m'y prenais mal. L'idée de l'odeur persistait, douce, âcre, putride, dégoûtante, ce que l'on veut. Je ne pouvais pas m'empêcher de la respirer à la dérobée, comme on fait pour vérifier l'odeur des pets. On aurait dit que le parfum de mon mari s'était volatilisé. Chaque fois qu'il m'embrassait, j'embrassais le chien mort.

Bientôt je m'écartai de lui, incapable de lui avouer ce qui se passait. Lui dire qu'il sentait la mort, c'était nous condamner. Je ne ferais pas mieux si je voulais le quitter. Je me suis présentée pour un travail de serveuse dans un restaurant qui me prenait tous les soirs. Rémi ne broncha pas, il s'amusait de nous savoir tous deux dans la restauration. À la maison, je changeais de pièce quand il entrait où j'étais. Je lisais des romans à l'eau de rose au lit pendant qu'il regardait la télé sur le canapé. Je dormais sur le canapé sous prétexte qu'il bougeait au lit. Loin du nez, près du cœur. En même temps, j'avais des crises d'angoisse. J'appelais sans cesse son portable pour vérifier qu'il était là et lui dire combien je l'aimais. Il bafouillait, gauche et gêné. Je l'imaginais parmi ses collègues de chantiers, le corps recouvert de poussière d'église, cette poussière qui lui donnait le teint gris et qui faisait briller ses yeux comme ceux des malades.

– J'ai peur que tu meures, je lâchai un soir où il me coinça dans le couloir.

– Pas de danger.

Il m'embrassa avec la langue. Je courus vomir aux toilettes. Les chairs en décomposition du chien.

Ma mère claqua deux bises à mon mari sans aller vomir. Elle n'avait jamais pu le sentir.

– Ça n'a pas l'air d'aller vous deux, remarqua-t-elle avec un petit sourire satisfait.

Un frisson me parcourut. Je croisai le regard bleu de Rémi qui s'égarait dans le jardin. Nous venions de nous disputer au sujet des visites médicales qu'il ne passait jamais. D'après lui, c'était plutôt à moi d'y aller : mon travail me surmenait.

– Ça va bien, il dit en laissant tomber ses yeux au pied de l'amandier. Y a pas mort d'homme.

J'explosai en sanglots. Ma mère se jeta dans mes bras.

– Ma pauvre chérie, elle fit d'une voix fausse et plaintive. Bien sûr, c'est à cause du chien.

– C'est que c'était un sacré bon gardien, grommela Rémi entre ses dents.

Le lendemain soir, je trouvai mon mari devant un film de Charlie Chaplin, en tablier de cuisine sur le canapé du salon. La table était dressée pour deux. Un gros cierge dégoulinait sur la nappe parsemée de pétales de roses. Une grande enveloppe était posée sur la chaise que je tirai.

– C'est pour moi ? je demandai pour la forme.

– Pour nous, il éteignit la télé et se rendit à la cuisine en imitant Charlot.

Je sortis le contenu de l'enveloppe, émue et penaude. Une radio de ses poumons – parfaite. Des analyses de sang – impeccables. Le bruit d'un bouchon de champagne me fit sursauter.

– Vive la vie, mon amour !

Il noua ses bras autour de moi. J'en eus le souffle coupé. L'odeur de mort n'avait jamais été si forte. Je me mis à pleurer au-dessus de mon bol de soupe qui sentait le cadavre.

– Ce n'est pas assez salé? fit Rémi qui pensait que je pleurais de joie.

Je portai mes mains à mon visage, accablée. La flamme du cierge rendait mes doigts rouges translucides. Tu sens la mort, je pensais. Ça ne peut plus durer.

– Je sens la mort sur toi, je dis finalement derrière mes mains, me tassant sur moi-même en prévision du coup fatal.

– Ah, j'entendis seulement. C'est donc ça.

Mon mari perdit le sens de l'humour. Il ne me toucha plus. Il ramenait chaque jour des brassées de mimosa et de jasmin qu'il disposait sur les meubles. Je suffoquais. La maison ressemblait à un mausolée. Nous échangions des banalités à voix basse. Mon mari ne parlait jamais en premier. Il s'effaçait devant moi comme pour s'excuser d'être là. Un matin, je trouvai un gant de crin et du savon noir au bord de la baignoire qui se vidait.

– C'est pas de ta faute, je le rattrapai sur le perron.

Il leva les yeux sur moi en bas des marches. Des yeux de chien battu. Délavés et ternes.

– Bien sûr que si.

– Qu'est-ce que je peux faire pour vous ? fit l'oto-rhino derrière son bureau.

Un poster de nez en coupe semblait renifler ses cheveux gras.

– Je voudrais que vous me retiriez l'odorat.

– Quoi ?

– Mon mari sent la mort. Je ne peux plus le supporter.

Il me regarda fixement. Secoua la tête comme pour se réveiller.

– Je ne fais pas ce genre d'opération.

– Très bien. J'irai voir quelqu'un d'autre.

– Personne n'acceptera, il se renfrogna.

– Alors je me couperai le nez.

– Ça ne servirait à rien. Une chute serait plus appropriée. Un choc cérébral. Vous feriez mieux d'aller voir un psychologue. Je connais quelqu'un de très bien.

Il avait raison. Je sortis ravie du cabinet de la psychologue. Un an ou deux de thérapie devait venir à bout de mon problème qu'elle avait formulé en un rien de temps. Je courus dans la rue, impatiente de rentrer à la maison pour annoncer la bonne nouvelle à Rémi.

– C'est à cause du chien ! je rentrai à toute volée dans la salle de bains embuée. Je fais un transfert, tu comprends. J'ai peur que tu meures comme le chien. Nous l'avons vu naître, il était comme notre enfant. Si je couche avec toi, je commets un inceste symbolique !

Rémi ouvrit la bouche mais ne dit rien. Il retira son gant de crin et le jeta dans l'eau claire et huileuse du bain. Ses mains étaient toutes ridées. Son corps à vif.

– Je crois qu'il vaut mieux qu'on se quitte, il dit.

J'ai survécu muette dans mon lit d'enfant, une écharpe de Rémi autour du cou, le cerveau rempli de lui. Ma mère lui en voulait beaucoup. J'entendais ses conversations téléphoniques à travers le plancher.

– Non, je ne sais pas ce qu'il lui a fait. Elle refuse d'en parler. Je n'ose pas imaginer ce qu'elle a enduré. À mon avis, il y a une autre femme. Peut-être plusieurs… des enfants illégitimes, tu connais les hommes…

L'écharpe ne sentait plus tellement la mort. Je lui trouvais une autre odeur, en plus du Drakkar noir. La culpabilité m'écrasait. Je doutais. Si toutefois cette odeur mortelle existait, je l'avais respirée plus d'un an avant le chien et elle ne m'avait jamais incommodée. Si seulement le chien n'était pas mort…

– Il faut divorcer, me dit la psychologue au téléphone, inquiète de mes absences répétées. Sans ça, vous ne ferez jamais le deuil de la relation. Comme votre mère avec votre père.

J'appelai le portable de Rémi dans la foulée. Une voix de robot débita une annonce sans saveur. Je laissai un message du même type. Quatre jours plus tard, ma mère m'apporta une enveloppe au lit.

Procédure de divorce à l'amiable (formulaire à remplir en lettres capitales et à retourner à Maître Paulin).

Monsieur RÉMI CARRANT

né de ODILE DUPONT et CLAUDE CARRANT le 12 JANVIER 1967 à AUBENAS.

Profession : THANATOPRACTEUR.

Je fermai les yeux sous le choc. Ma mère me retira le papier des mains.

– Thanato… quoi ? C'est quoi ça ? Il n'était pas restaurateur ?

– C'est pareil. Sauf que c'est pour les morts.

« Ça te dirait, toi, de coucher avec un thanatopracteur ? » m'avait demandé Rémi au début de notre relation, au sujet d'un ami à lui qui l'était et dont aucune femme ne voulait.

– Quelle horreur !

C'est ce que j'avais dit aussi. Ma vue se brouilla. Je vis Rémi arranger les poils du chien dans le petit cercueil, fermer ses yeux blancs, remettre une oreille en place, refermer la boîte, la recouvrir de terre et de primevères.

J'ai repéré l'agence funéraire au corbillard couvert de fleurs garé devant. Une famille endeuillée attendait dans le hall à l'atmosphère feutrée et au mobilier sophistiqué.

– Toutes mes condoléances, me dit un homme qui distribuait à l'entrée ces mouchoirs en tissu blanc que j'avais vus si souvent.

Je me fondais dans la masse des visages défaits. Les jeunes restaient debout et chuchotaient. Les vieux parlaient fort, assis sur des chaises alignées contre le mur. Une affiche en papier glacé représentait un avion au sol, une file de passagers endimanchés montait sur la passerelle : « Préparez la voie pour votre dernière destination ».

Je trouvai l'entrée interdite au bout d'un couloir. J'imaginai Rémi derrière la porte, couvert de sang devant un cadavre en mille morceaux sur une table en inox.

Rémi sursauta, un masque de chirurgien sur le visage et une pointe métallique reliée à un tuyau à la main. Sa blouse était blanche immaculée. Il regarda le cadavre d'un air confus. Il gargouillait, vert et jaune. D'autres tuyaux pointus sortaient de son ventre et de son sternum comme des extensions de lui-même. On aurait dit un extraterrestre dans un film de science-fiction.

– Continue, je dis. Ne fais pas attention à moi.

Il hocha brièvement la tête. Je m'assis dans un coin et je l'observai. Son front brillait. Il respirait fort. Le masque gonflait comme une voile sur son visage, puis se rétractait, moulant sa bouche et son nez. Il retira les pointes du cadavre, me jetant des coups d'œil à la dérobée, inquiet de l'effet que cela pouvait produire sur moi. Ça ne me faisait rien. Pour avoir senti la mort tant de fois, sa vue ne me gênait pas. Au contraire. Elle ne nous concernait plus. Je me sentais bien. La respiration de Rémi ralentit. Il cessa de m'épier peu à peu, laissant sa tâche l'absorber.

Le cadavre ne gargouillait plus. Vidé de ses humeurs, il était plat et ridé comme une vieille poupée dégonflée. Je remarquai que ç'avait été une femme. Sans doute une vieillarde à qui on ne donnait plus d'âge depuis longtemps avant sa mort. Rémi tira sur un genou. La jambe pivota sans plier. Il piqua à l'intérieur de la cuisse et à la carotide.

Des relents de formol flottèrent dans la pièce. Il massa les pieds bleus de la morte, ses mains noueuses, sa figure qui se décontractait à mesure. La peau s'éclaircissait et semblait se dilater sur tout le corps. Je suivais les mains de Rémi. C'était ces gestes doux, réguliers et prévenants que j'aimais depuis toujours.

Il ouvrit la bouche de la morte et lui fit boire un liquide rose avec une seringue. Il en injecta aussi sous les yeux. Les cernes s'effacèrent. Les joues rosirent. En fait, elle pouvait avoir eu l'âge de ma grand-mère. Il remplit délicatement sa bouche de coton, recolla ses lèvres et sutura les entailles qu'il avait pratiquées sur son cou, son torse et sa cuisse. Il l'habilla avec adresse, la maquilla et la coiffa, parfuma ses cheveux, nettoya ses ongles et croisa ses doigts sur sa jolie robe.

Maintenant, on aurait dit que la morte dormait. Qu'il suffisait d'un baiser pour la réveiller. Elle devait avoir l'âge de ma mère. Rémi fit rouler la table. Ils disparurent derrière une porte à battants. L'angoisse m'étreignit brutalement. Quand Rémi revint avec la table, je m'allongeai dessus sans réfléchir.

Viviane est née neuf mois plus tard sur une table du même genre. Le soir après l'amour, nous discutons encore de ce que nous dirions si elle nous posait la question de sa conception.

C'te connerie la guerre

Je me brossais les dents dans la salle de bains quand c'est arrivé. Une décharge de kalachnikov en pleine matinée, comme un con j'en ai pas cru mes oreilles.

Dans la glace, je me suis demandé si j'étais bien là où je pensais. Si des fois j'étais pas encore de service à Pristina. Putain j'y étais pas. Pas de sang qui me tombe de la gueule ni de pendus aux portes des maisons. Rien que du dentifrice et les peignoirs de ma femme et de mon fils suspendus dans mon dos.

J'ai craché. Puis je me suis regardé dans les yeux et je me suis dit « mon gars, est-ce que des fois tu serais pas encore en train de rêver de Pristina ? »

C'est ma femme qu'a répondu.

– Jean ! elle a hurlé en déboulant comme une fusée de détresse. C'est terrible !

Plus terrible que Pristina, je voyais pas.

C'était pourtant pas bien beau à voir, depuis le balcon.

Trois, quatre, cinq corps à terre et tout le tremblement que peut provoquer une décharge de kalachnikov au milieu d'un carrefour. Les badauds qui gueulent sur les blessés, les sacs éventrés, les vitres des magasins brisées, les bagnoles embouties, d'autres qui klaxonnent à l'arrêt et les sirènes qui rappliquent à fond de train sur les artères.

Oh, c'était pas Pristina, loin de là. Mais peut-être bien que toutes les guerres commençaient comme ça. Allez savoir, j'avais toujours raté le début.

Je suis descendu. Maintenant je sais que j'aurais pas dû. J'aurais mieux fait de m'occuper de mes trophées de guerre accrochés au mur du salon ou d'écouter ma femme se faire du mouron pour notre fils qui venait de partir au lycée. J'étais jamais arrivé à me faire du souci pour lui. Pas plus que lui pour moi quand je partais en mission. Ma bonne femme se bilait pour deux, elle nous couvrait, c'est ça que je rabâchais aux gars du régiment quand on ouvrait nos portefeuilles pour passer en revue les photos de nos femmes et de nos gosses.

En vérité je vais pas me voiler la face, ce à quoi je pensais en dévalant les escaliers, c'était à faire la paix avec les habitués du café du coin. Pour être poli, j'avais jamais été soutenu par mes concitoyens.

De suite, je les ai repérés devant la terrasse du Saint-Bernard. Ils avaient tous lâché leur bibine pour voir ça, même l'ex-flic Hervé qu'on avait déjà surpris en train de pisser sur son tabouret, même le patron Bernard qu'on n'avait jamais vu dépasser la frontière de son comptoir.

Livides, les mecs, un bataillon d'appelés devant un charnier rwandais. Je suis passé devant eux sans rien dire. C'était plus la peine de les prévenir qu'à rien glander, un jour elle serait en bas de chez eux, la guerre. C'était le moment de leur montrer à quoi je servais. Comment *au service de la France, le soldat lui est entièrement dévoué, en tout temps et en tout lieu.*

Comment *il fait preuve d'initiative et s'adapte en toutes circonstances.*

Alors je l'ai fait. J'ai réglé la circulation pour laisser passer les ambulances et les flics. J'ai tendu des cordons de sécurité. Repoussé les curieux. Retenu les témoins. Forcé les choqués à s'asseoir pendant qu'on faisait le tour des blessés.

Un jeune cadre qui toussait du sang brandissait son portable comme un drapeau. J'ai annoncé la mauvaise nouvelle à son patron pendant qu'un ambulancier stoppait son hémorragie. J'ai empêché un coursier de remonter sur son scooter. J'ai porté un chien blessé dont le maître s'était sauvé. J'ai cherché les blessures imaginaires d'un paquet d'hystériques sur qui le sang d'une gamine avait giclé. J'ai trouvé le groupe sanguin de la gamine au fond de son cartable. J'ai garrotté le mollet d'une bourgeoise avec son foulard Hermès et je me suis demandé ce que tous ces pigeons et ces moineaux foutaient sur la victime d'à côté. C'était pas à elle qu'ils en voulaient. C'était à son stock de baguettes, imbibées de sang tout autour de son tablier. Je me suis souvenu que boulanger de guerre, c'était ce que l'armée avait inventé de mieux pour le moral des troupes. J'ai ramassé les baguettes. Elles étaient encore chaudes. Pas comme la boulangère.

– Pauvre petite.

– Sarah, elle s'appelait.

– La meilleure boulangère du monde.

– Quand on pense que c'est à nous qu'elle amenait le pain…

Voilà ce que ça donnait, au Saint-Bernard. Entrecoupé de « quel est l'enfoiré mais quel est l'enfoiré », mais pour une fois c'était pas de moi qu'on parlait, même si c'était sur moi que tous les yeux étaient braqués.

Pierre, Jonald et Hervé en rang d'oignons sur leurs tabourets. Bernard dans sa tranchée et Mohamed sur son coin de banquette. Fidèles aux postes et moi à l'entrée, le poing serré sur la plume de pigeon que j'ai récupérée en guise de trophée.

J'ai pas été déçu, même si j'étais plutôt tendu.

Pierre et Jonald sont descendus de leurs tabourets comme un seul homme. J'ai eu un mouvement de recul, la dernière fois qu'ils avaient fait ça c'était pour me foutre dessus parce qu'ils croyaient que j'avais brouillé la télé pour les empêcher de voir leur foot.

Là, Pierre me tapait dans le dos. Et Jonald me faisait signe de m'asseoir à sa place.

– C'est ma tournée, a lancé le patron.

– Profites-en c'est pas tous les jours, a bavouillé Hervé sur la douzaine de verres alignés sur le bar comme mes trophées de guerre sur le mur du salon.

C'était même jamais. Jamais on avait vu Bernard offrir autre chose que des cacahuètes pour la soif.

J'ai agi comme un militaire se doit, avec honneur, franchise et loyauté. Je leur ai balancé ce que je savais sur l'enfoiré. Il avait déchargé sa mitraille tous azimuts et s'était barré. Les flics le recherchaient. On ne connaissait ni son mobile ni son identité. Il portait une cagoule, un jogging, des baskets et une kalachnikov.

Ils m'ont fait répéter quarante fois ce que je venais de dire. Maintenant la guerre, ils y croyaient. Ils se sentaient concernés comme je l'avais toujours été. Ils étaient vachement reconnaissants que je sois venu leur raconter parce qu'ils étaient à plat ventre sous les tables quand c'est arrivé.

– La honte, a larmoyé Hervé. On n'a rien pu dire aux flics.

Un miracle qu'ils aient été épargnés, je leur ai fait remarquer. Le Saint-Bernard dans son entier était passé entre les balles. Aucune vitre brisée. Enseigne intacte.

Ils se sont mis à voir un signe là-dedans. Pas moi. Je pensais que l'enfoiré avait déchargé sa mitraille à la ronde sans boucler son 360°, point final. Mais eux n'en finissaient pas de se sentir coupables, à croire qu'ils auraient préféré que l'enfoiré le boucle, son 360°. L'esprit de sacrifice leur venait. Le syndrome du survivant, quoi.

Autant dire que c'était pas de la bière que je buvais, c'était du petit lait. Je m'étais tellement fait attaquer dans ce troquet. « C'te connerie la guerre », ils soupiraient dès que la France s'engageait. Même pas convaincus, les mecs. Ils auraient dit « passe-moi le sel », ç'aurait été du pareil au même. Au début je laissais pas passer. Pas méchamment. Je serrais les dents et je faisais bien gaffe à m'exprimer dans les règles de l'art, *avec réserve pour pas porter atteinte à la neutralité des armées.*

Je leur demandais juste un peu de respect. Parce que « c'te connerie la guerre » c'est mon métier et militaire c'est vachement primordial mais ça les civils ils pigent pas, ils veulent pas comprendre qu'on est là pour les protéger et qu'on demande qu'à les défendre.

Ils n'avaient pas besoin de moi, qu'ils disaient. Me balançaient des « œil pour œil, dent pour dent et le monde finira aveugle » et se racontaient comment ils s'étaient fait exempter de l'armée ou s'ils n'avaient pas eu cette chance, comment on les avait soi-disant humiliés pendant leur service. La guerre des nerfs, ils me faisaient, et quand les lycéens d'à côté rappliquaient, c'était feu à volonté.

Fallait tenir bon, comme au front. *Fier de son engagement, le soldat est, toujours et partout, un ambassadeur de son régiment, de l'armée de terre et de la France.*

À tous les coups, Pierre et Jonald piquaient leur crise rapport au ballon rond qu'ils n'arrivaient plus à suivre sous les tirs croisés et je ne pouvais pas m'empêcher de leur demander s'ils n'avaient pas mieux à faire que de s'abrutir sur leur chaîne de footeux pendant que des dictateurs s'en prenaient aux civils du monde entier.

– Parce que toi, tu t'en prends pas aux civils, peut-être ? y en avait toujours un pour répliquer.

– L'Algérie, tu connais ? s'excitait Mohamed comme si j'avais torturé son père de mes propres mains.

Combien de fois je lui ai juré que nos instructeurs avaient pris soin de nous éduquer à ne jamais recommencer. Combien de fois je lui récitais que désormais *maître de sa force, le soldat respecte l'adversaire et veille à épargner les populations.*

La preuve, on le respecte tellement bien, l'adversaire, qu'on ne lui tire plus jamais dessus. J'ai jamais tué personne, moi. Je suis pourtant un excellent tireur, tout le monde le dit à l'entraînement. Mon métier, c'est là que je l'exerce. En mission extérieure, je fais que ramasser des cadavres, encadrer des convois humanitaires et gérer des foules de réfugiés. Des compagnies d'éboueurs et d'agents de la circulation, voilà pour quoi on passe à l'étranger. Nos politiques appellent ça de la diplomatie. Moi de la connerie.

Enfin je dis ça, mais jusqu'à la Yougoslavie, j'avais encore de l'espoir. Je voulais pas penser qu'on a les politiques qu'on mérite, par respect pour mes concitoyens. C'est pour eux que j'ai appris à me battre. Et rapport au code, *le soldat est ouvert sur le monde et la société, il en respecte les différences*.

Alors voilà, je passais mes reliquats de congés à astiquer mes trophées et à les descendre les uns après les autres pour les acclimater. Je leur racontais le Rwanda et le Golfe, tout ce qu'on aurait pu faire avant que les Ricains rappliquent et tout ce qu'on pourrait faire comme nouvelles guerres. J'en trouvais plein dans les pages internationales du *Monde* et dans *Terre Magazine* et je leur lisais, même si c'était pas leur truc. Toujours trop loin pour eux. Jamais leur problème.

En 1996 j'ai tout misé sur la Yougoslavie. La guerre à mille bornes de chez nous, sûr qu'on allait ruer dans les brancards. Je me frottais les mains d'avance, je ne fermais plus l'œil, en alerte quoi, mobilisé avant l'heure et c'était un foutu problème parce qu'elle venait pas, cette sacrée lettre de mobilisation officielle. On négociait. Négocier quoi, je vous le demande. Ce Milo, il se foutait de notre gueule, je le voyais bien dans les médias, je faisais que ça d'ailleurs, je me gavais d'infos à en dégueuler, ma femme me préparait du bouillon matin, midi et soir sans broncher mais pour finir elle aurait bien aimé que je parte, c'est pas des blagues.

Au Saint-Bernard, ça polémiquait. Dans les rues, ça manifestait. Ça se branlait, j'ai pas peur de le dire. Exactement comme en 39 la drôle de guerre. Milo il devait bien se marrer. Les beaux discours par-devant et les bonnes femmes violées par-derrière. Mon père qu'a fait la Seconde devait se retourner dans sa tombe et mon grand-père je préfère pas y penser.

Je commençais à l'avoir mauvaise quand je descendais. Les mille bornes ils s'en foutaient. Je compte pas Hervé qui m'a toujours soutenu, mais un flic à la retraite alcoolique au dernier degré, on peut pas dire que ce soit d'un grand secours.

Quand à Bernard, c'était à se demander comment il avait pu inscrire Saint-Bernard sur son étendard. Il marmonnait des « Faut voir » et des « Qu'est-ce que je te sers ? » juste derrière.

Neutre comme un Suisse, il restait, pendant que les autres se prétendaient pacifistes et m'insultaient quand je leur disais que j'étais plus pacifiste qu'eux tous réunis.

C'était pourtant vrai, même si je virais cynique. La veille de ma mobilisation, je les traitais de cons-citoyens et d'attentistes. Pour attentiste, j'avais trouvé que c'était pas loin d'attentat et de terroriste.

C'est la dernière guerre que j'ai faite. Enfin faite… Cent trente-sept jours retranché au campement de Pristina, le nez en l'air à regarder les Ricains faire le boulot comme des cochons. À peine on se mettait à ramasser les morceaux sur le théâtre de leurs opérations qu'on nous rappelait en métropole. Parce que c'est comme ça, chez nous. Au bout de cinq mois, c'est la relève. J'ai toujours pas compris pourquoi faut qu'on revienne au moment où on commence à piger ce qui se passe. Moi, je voulais rester. Je commençais à distinguer un Serbe d'un Bosniaque et à supporter l'odeur de cramé, alors vous pensez, j'étais pas fatigué et d'ailleurs j'étais pas tout seul.

– Ce qui nous fatigue, mon lieutenant, c'est de revenir sans avoir été vraiment au contact, vous comprenez ?

Il comprenait, notre lieutenant. Seulement nos camarades de métropole se bousculaient au portillon. On avait eu la chance d'avoir été sélectionnés. Maintenant on n'avait pas le choix, c'était dans le code, on devait *obéir aux ordres dans le respect des lois, des coutumes de guerre et des conventions internationales*. Alors voilà, pour se consoler on s'est chopé du gros trophée dans les décombres et on a bouclé nos paquetages.

À Paris, j'ai retrouvé le Saint-Bernard au point de départ. « C'te connerie la guerre », ils radotaient mais moi je répondais plus, parce que je savais qu'on était parti pour plus en finir.

Je me suis mis à râler. Même aux stages de simulation, je râlais. J'étais obsédé par tout ce qui clochait, les vieilles pierres à réquisitionner, les fumigènes et la grenadine sur les mannequins en polystyrène, les chars en plastique et les avions sans pilotes dans le ciel. Tout ce fric foutu en l'air, pendant que des tarés comme Milo se baladaient en toute liberté.

Mauvais esprit, y a eu sur mon bulletin de notes. Rendez-vous au service santé des armées. Le médecin en chef du Val-de-Grâce m'a causé code du soldat comme mon lieutenant à Pristina. Il avait tout bon, dans le genre *attentif aux autres et déterminé à surmonter les difficultés, œuvrant pour la cohésion et le dynamisme des unités.* Les civils avaient une mauvaise influence sur moi, il fallait que j'arrête de les fréquenter pour me recentrer sur ma communauté solidaire et fraternelle.

Résultat, stage de motivation et entraînement commando, de quoi *entretenir mes capacités intellectuelles et physiques pour développer ma compétence et ma force morale*.

Y avait erreur sur la personne. Plus motivé et entraîné que moi je connaissais pas.

– Avec tout le respect que je vous dois, chef, rapport au code j'en serais plutôt à vouloir *accomplir ma mission avec la volonté de gagner et de vaincre, si nécessaire au péril de ma vie*, si vous voyez ce que je veux dire.

Il voyait. Il allait faire ce qu'il pouvait. Une ordonnance pour patienter.

J'ai pris ses cachets et j'ai roupillé. En rêve, je battais la campagne sous les acclamations de mes concitoyens. Au réveil, je chialais en ouvrant le courrier. J'ai refusé des missions par pelletées. En 1998 la Coupe du monde, en 1999 le plan ORSEC, en 2000 le réveillon et je me suis pris autant de blâmes. J'ai pas été mobilisé pour l'Afghanistan, quoi qu'en disent ma femme et mon fils. Deux semaines de figuration dans le métro en faisant de grands détours pour éviter le Saint-Bernard, comme action, autant pisser dans un violon.

Autant laisser tomber. Mes trophées ont pris la poussière sur le mur du salon. Le jour où j'ai appris que Ben Laden était encore en vie, j'ai plus été capable de les regarder en face. Je faisais semblant de dormir pendant les repas pour ne plus les croiser au salon. Dans mon lit, je pensais qu'au Saint-Bernard ils avaient raison de dire que les militaires ne devraient pas exister. Je me voyais finir comme Hervé, à force de boire pour retrouver le sommeil et les rêves. Il n'y avait plus de rêves de gloire, même en y pensant très fort. Il n'y avait plus que des flashs sombres de Pristina en ruine, alors la Tchétchénie et le conflit israélo-palestinien c'était même pas la peine d'essayer de rêver d'en rêver.

C'est tout à l'heure qu'ils m'y ont fait repenser. Les paris allaient bon train, Tchétchénie contre conflit israélo-palestinien. Maintenant que je les avais calmés, rapport à leur culpabilité mal placée, ils me cherchaient un ennemi valable. Puisque forcément, une kalachnikov, ça pouvait pas venir de chez nous.

Les plus jeunes arrivés dans le quartier penchaient pour un règlement de compte de la mafia tchétchène à cause de l'immigration clandestine, les plus vieux pour un acte de terrorisme palestinien contre les commerçants juifs, dont faisait partie la pauvre boulangère. Dans un cas comme dans l'autre, ils déclaraient la guerre et me promettaient la victoire. J'allais venger Sarah.

Bordel, ça me faisait chaud au cœur de les voir sur le pied de guerre. Bernard me servait coup sur coup. Pierre et Jonald avaient changé la chaîne de foot pour LCI. Les trois compères ne se lassaient pas de voir notre carrefour en état de siège. Hervé lisait *Paris Boum Boum* à voix haute comme si c'était *Le Monde* et Mohamed me demandait pardon en pleurant la boulangère qu'il aimait en secret depuis qu'il était petit.

Quand le téléphone a sonné sur le comptoir, j'étais en train d'inscrire l'adresse du centre de recrutement des armées dans le cahier de textes d'un lycéen. Bernard a décroché. C'était ma femme au bout du fil. Elle me faisait dire de remonter immédiatement.

J'avais pas vu le temps passer. Je les ai laissés trinquer à ma santé et je suis remonté tout guilleret. La fleur au fusil, comme on dit. Si les gars du Saint-Bernard changeaient le leur d'épaule, il se pouvait bien que nos politiques aussi. Mieux valait tard que jamais, je me disais, et merci la boulangère au Paradis, et comme un con devant ma porte, je me suis demandé quels nouveaux trophées m'attendaient après la plume que j'ai toujours dans la poche et finalement dans le cul.

J'ai retrouvé ma femme en train de regarder LCI dans le fauteuil du salon. Seule. Livide comme de la chair à canon. Elle a tendu un doigt vers la télévision mais la télévision n'y était pour rien. C'était sur le mur au-dessus, comme un fantôme au milieu de mes trophées, l'empreinte blanche de la kalachnikov sur le papier peint.

Cette kalachnikov que j'ai ramassée sur un cadavre et que j'ai ramenée de Pristina dans mon paquetage.

Cette kalachnikov que j'ai accrochée au mur pour montrer que j'y étais quand même allé.

Cette kalachnikov que je regretterai toute ma vie.

Maintenant j'attends mon tour au commissariat. Je crois pas qu'on va me laisser raconter tout ça. Je sens bien qu'on va tout de suite me demander un signalement de mon fils et j'ai les foies… je sais plus la tête qu'il a.

Dans mon portefeuille il est tout petit, six ou sept ans, déjà en jogging et en baskets mais ça peut pas être les mêmes, putain. C'te connerie la guerre.

Table

39,6 9

Testament 21

Une fois par semaine 35

Jachère 57

Ma chère, 67

Petite fille, lâche-moi 89

L'Envie 97

Quelque chose de malsain dans l'air 117

C'te connerie la guerre 135

www.ledilettante.com

Ce 192e titre du
Dilettante a été achevé
d'imprimer à 2 222 exemplaires
le 10 décembre 2004 par l'Imprimerie Floch, à Mayenne
(Mayenne). Il a été tiré, en
outre, 13 exemplaires sur vergé
édition, numérotés à la main.
L'ensemble de ces exemplaires
constitue l'édition originale
de « La Preuve par neuf »,
de Dorine Bertrand.

Dépôt légal : 4e trimestre 2004.
(61698)
Imprimé en France